全国计算机等级考试辅导教材
QUANGUO JISUANJI DENGJI KAOSHI FUDAO JIAOCAI

信息技术基础学习指导

》》 XINXI JISHU JICHU XUEXI ZHIDAO

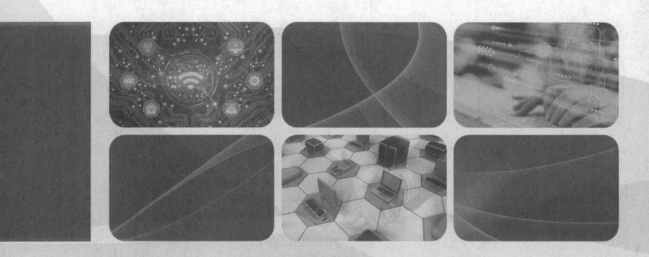

一级 MS Office

主 编 \ 肖贵元 罗少甫 杨 光

副主编 \ 马 萱 蒋明播 尹浩博 朱 俊

参 编 \ 张裔智 陈国靖 陈小莉 余 上 杨正容

重庆大学出版社

图书在版编目(CIP)数据

信息技术基础学习指导/肖贵元,罗少甫,杨光主
编. -- 重庆:重庆大学出版社,2022.8
全国计算机等级考试辅导教材
ISBN 978-7-5689-3355-1

Ⅰ.①信… Ⅱ.①肖… ②罗… ③杨… Ⅲ.①电子计
算机—高等学校—教材 Ⅳ.①TP3

中国版本图书馆 CIP 数据核字(2022)第 101962 号

全国计算机等级考试辅导教材
信息技术基础学习指导

主 编 肖贵元 罗少甫 杨 光
责任编辑:章 可 版式设计:章 可
责任校对:邹 忌 责任印制:赵 晟

＊

重庆大学出版社出版发行
出版人:饶帮华
社址:重庆市沙坪坝区大学城西路 21 号
邮编:401331
电话:(023) 88617190 88617185(中小学)
传真:(023) 88617186 88617166
网址:http://www.cqup.com.cn
邮箱:fxk@ cqup.com.cn (营销中心)
全国新华书店经销
中雅(重庆)彩色印刷有限公司印刷

＊

开本:787mm×1092mm 1/16 印张:12 字数:271千
2022 年 8 月第 1 版 2022 年 8 月第 1 次印刷
ISBN 978-7-5689-3355-1 定价:29.00 元

FOREWORD

前　言

随着现代信息技术广泛渗透于各个学科和专业领域,带来各行各业信息化创新与发展,高校计算机基础教育也需面向社会发展与需求。高校计算机基础教育是高等教育中的重要组成部分,它的目标是在各个专业领域中普及计算机知识,推广计算机应用,使所有大学生成为既掌握本专业知识,又能熟练使用计算机的复合型人才。高校的计算机基础教育状况将直接影响我国各行各业、各个领域的计算机应用发展水平。

为了顺应时代的特点和高等学校计算机教育的改革趋势,同时结合教育部考试中心发布的《全国计算机等级考试考试大纲(2022 版)》的内容,我们编写了本书。

本书共包含 3 个部分。第 1 部分为考试指南,主要介绍了全国计算机等级考试(一级计算机基础及 MS Office 应用)的考试大纲、考试流程、考试技巧及注意事项;第 2 部分为考点精讲,主要介绍了计算机基础知识(包含计算机系统的组成、计算机的数据处理、多媒体技术等知识)、操作系统的功能和使用(包含操作系统的基本知识和 Windows 7 操作系统的基本操作)、办公自动化(包含 Word 2016、Excel 2016 和 PowerPoint 2016 的基本操作)、计算机网络基础及应用(包含计算机网络的基本概念、因特网的基础知识、信息技术与信息安全以及计算机病毒的相关知识)、信息技术基础与前沿技术(包含信息检索、信息素养、人工智能、大数据、云计算、物联网、虚拟现实、区块链等知识);第 3 部分为全真模拟试题,主要内容是 4 套全国计算机等级考试的模拟试题。本书可作为全国计算机等级考试(一级计算机基础及 MS Office 应用)和大学本、专科(高职)各专业计算机基础课的辅导教材,也可作为广大计算机爱好者的自学参考书。

本书由肖贵元、罗少甫、杨光任主编,马萱、蒋明播、尹浩博、朱俊任副主编,参与编写的老师还有张裔智、陈国靖、陈小莉、余上、杨正容。

我们在编写中有所选择地引用了同行专家学者的有关著述,谨向他们表示感谢。对本书不足、不妥之处,欢迎读者批评和不吝指正。

本书提供全部练习题和模拟试卷的素材及答案,可在重庆大学出版社网站(www.cqup.com.cn)下载,部分上机操作题还配有视频演示,可以扫码观看。

编　者
2022 年 5 月

目　录

第 1 部分　考试指南

1.1　全国计算机等级考试一级计算机基础及 MS Office 应用考试大纲(2022 版)

1.1.1　基本要求

①掌握算法的基本概念。

②具有微型计算机的基础知识(包括计算机病毒的防治常识)。

③了解微型计算机系统的组成和各部分的功能。

④了解操作系统的基本功能和作用,掌握 Window 7 的基本操作和应用。

⑤了解计算机网络的基本概念和因特网(Internet)的初步知识,掌握 IE 浏览器软件和 Outlook 软件的基本操作和使用。

⑥了解文字处理的基本知识,熟练掌握文字处理软件 Word 2016 的基本操作和应用,熟练掌握一种汉字(键盘)输入方法。

⑦了解电子表格软件的基本知识,掌握电子表格软件 Excel 2016 的基本操作和应用。

⑧了解多媒体演示软件的基本知识,掌握演示文稿制作软件 PowerPoint 2016 的基本操作和应用。

1.1.2　考试内容

1. 计算机基础知识

①计算机的发展、类型及其应用领域。

②计算机中数据的表示与存储。

③多媒体技术的概念与应用。

④计算机病毒的概念、特征、分类与防治。

⑤计算机网络的概念、组成和分类;计算机与网络信息安全的概念和防控。

2. 操作系统的功能和使用

①计算机软、硬件系统的组成及主要技术指标。

②操作系统的基本概念、功能、组成及分类。

③Windows 7 操作系统的基本概念和常用术语,文件、文件夹、库等。

④Windows 7 操作系统的基本操作和应用。

a. 桌面外观的设置,基本的网络配置。

b. 熟练掌握资源管理器的操作与应用。

c. 掌握文件、磁盘、显示属性的查看、设置等操作。

d. 中文输入法的安装、删除和选用。

e. 掌握对文件、文件夹和关键字的搜索。

f. 了解软、硬件的基本系统工具。

⑤了解计算机网络的基本概念和因特网的基础知识,主要包括网络硬件和软件,TCP/IP 协议的工作原理,以及网络应用中常见的概念,如域名、IP 地址、DNS 服务等。

⑥能够熟练掌握浏览器、电子邮件的使用和操作。

3. 文字处理软件的功能和使用

①Word 2016 的基本概念,Word 2016 的基本功能、运行环境、启动和退出。

②文档的创建、打开、输入、保存、关闭等基本操作。

③文本的选定、插入与删除、复制与移动、查找与替换等基本编辑技术;多窗口和多文档的编辑。

④字体格式设置、文本效果修饰、段落格式设置、文档页面设置、文档背景设置和文档分栏等基本排版技术。

⑤表格的创建、修改;表格的修饰;表格中数据的输入与编辑;数据的排序和计算。

⑥图形和图片的插入;图形的建立和编辑;文本框、艺术字的使用和编辑。

⑦文档的保护和打印。

4. 电子表格软件的功能和使用

①电子表格的基本概念和基本功能,Excel 2016 的基本功能、运行环境、启动和退出。

②工作簿和工作表的基本概念和基本操作,工作簿和工作表的建立、保存和退出;数据输入和编辑;工作表和单元格的选定、插入、删除、复制、移动;工作表的重命名和工作表窗口的拆分和冻结。

③工作表的格式化,包括设置单元格格式、设置列宽和行高、设置条件格式、使用样式、自动套用模式和使用模板等。

④单元格绝对地址和相对地址的概念,工作表中公式的输入和复制,常用函数的使用。

⑤图表的建立、编辑、修改和修饰。

⑥数据清单的概念,数据清单的建立,数据清单内容的排序、筛选、分类汇总,数据合并,数据透视表的建立。

⑦工作表的页面设置、打印预览和打印,工作表中链接的建立。

⑧保护和隐藏工作簿和工作表。

5. PowerPoint 的功能和使用

①PowerPoint 2016 的功能、运行环境、启动和退出。

②演示文稿的创建、打开、关闭和保存。

③演示文稿视图的使用,幻灯片基本操作(编辑版式、插入、移动、复制和删除)。

④幻灯片的基本制作方法(文本、图片、艺术字、形状、表格等插入及格式化)。

⑤演示文稿主题选用与幻灯片背景设置。

⑥演示文稿放映设计(动画设计、放映方式设计、切换效果设计)。

⑦演示文稿的打包和打印。

1.1.3 考试方式

上机考试,考试时长 90 分钟,满分 100 分。

1. 题型及分值

①单项选择题(计算机基础知识和网络的基本知识)。(20 分)

②Windows 7 操作系统的使用。(10 分)

③Word 2016 操作。(25 分)

④Excel 2016 操作。(20 分)

⑤PowerPoint 2016 操作。(15 分)

⑥浏览器(IE)的简单使用和电子邮件收发。(10 分)

2. 考试环境

操作系统:Windows 7。

考试环境:Microsoft Office 2016。

1.2 考试说明

1.2.1 考试流程

1. 登录

考生登录分为首次登录、二次登录、重新抽题,后两种情况需要输入相应的密码。考试流程如图 1.2.1 所示。

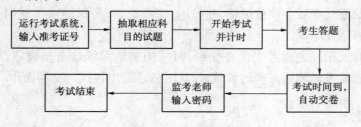

图 1.2.1 考试流程

2. 打开考试系统

在计算机桌面或开始菜单中双击或单击"NCRE 考试系统"即可打开考试系统客

户端。

3. 抽题

输入准考证号后,核对考生信息无误单击"下一步"按钮进入系统自动抽题。

4. 查看介绍和须知

系统抽完题后,在此界面可以查看考试题型、分值和考试须知的内容,了解内容后,勾选"已阅读",单击"开始考试并计时"按钮,即可开始正式考试。同时考试科目信息和考生身份信息显示在界面上方,考生可以再次核对信息是否正确。单击"考试准考证号"或者"考生姓名",能看到考生身份信息。

查看帮助:单击考试系统右上角的"帮助"按钮,可以查看系统帮助。

查看考试剩余时间:在考试主界面右上角可以看到考试剩余时间,考生可以根据该信息合理安排答题节奏。考试结束前 5 分钟考试系统会弹出一个提示框提醒考生。

考生文件夹:单击考试系统右上角的"考生文件夹"按钮,可以进入考生文件夹。

隐藏试题:单击考试系统右上角的"隐藏试题"按钮,可以将试题导航栏隐藏,单击"显示试题"按钮则可恢复显示。

作答进度:单击考试系统右上角的"作答进度"按钮,可以查看当前答题情况,单击未作答的题号可以直接进入该题(已交卷的选择题不能再次进入)。

考生作答及标记:在作答时,已作答试题和未作答试题所对应的试题按钮以不同的颜色来标记。考生也可以单击试题前面的试题编号来标记该题。

试题切换:作答完一道题后,可以单击下一道题的题号进行翻页。

输入法的切换:在作答不同题型时,可能需要不同的输入法,在考试系统中如果需要切换输入法,直接单击考试系统右下角的输入法显示区即可选择需要的输入法。

5. 交卷

如果考生要提前结束考试并交卷,可在界面顶部的显示窗口中单击"交卷"按钮,考试系统将弹出考生作答的统计信息及是否要交卷处理的提示信息框,此时考生如果单击"确定"按钮,则会提示考生再次确认,如果单击"是"按钮则考试系统进行交卷处理,单击"取消"按钮则返回考试界面,继续进行考试。

系统进行交卷处理后会锁住屏幕,并显示"交卷正常,考试结束",这时只要输入正确的结束密码就可结束考试。

如果考试时间用完之前考生没有交卷,时间用完后系统会自动锁定,不能再进行答题。管理员或者监考老师输入密码解锁,在延时的范围内再执行交卷操作。

1.2.2 考试技巧

1. 考试形式

全国计算机等级考试采取上机考试形式,考试时长 90 分钟,满分 100 分。

2. 考试主要题型及考点分布

全国计算机等级考试的内容分为选择题和操作技能题两部分。选择题部分共20道题，每题1分，共20分，考点主要集中在微机基础知识(12～14分)和计算机网络基础知识(6～8分)。操作技能题部分共5题80分，包括Windows基本操作(10分)、Word基本操作(25分)、Excel电子表格基本操作(20分)、PowerPoint演示文稿基本操作(15分)和因特网的简单应用(10分)。

3. 理论题的复习方法和答题技巧

①及时复习。每隔一段时间，回顾自己以前学过的内容。这种复习方法花费时间不多，而且时间可逐步减少，但是复习效果比较好，一方面可以巩固自己以前所学的知识，另一方面还可以加深前后知识的连贯性，形成知识体系。

②归纳整理，注重实践。对计算机初学者来说，要通过全国计算机等级考试，记忆相关知识内容是一个难关，除了要记忆计算机基础知识外，还需要记忆Windows、Office的操作方法。

③适度模拟测试。每隔一段时间，自己进行一次全真模拟测试，通过测试发现不足，"对症下药"解决问题。由于模拟测试只是一个手段，而不是目的，所以不宜频繁进行这种测试，复习重点还是要多看教材、多思考和总结。

④建立错题集。把自己平时模拟测试中的易错试题记录下来，每隔一段时间，专门针对错题中涉及的知识点进行复习，会取得更好的复习效果，可以有效提高选择题的正确率。

⑤确定答案。对于选择题，如果能一眼看出其中一个答案是正确的，那就不必再去看其他三个答案，以免思考太多反而出错；如果不能立即确定其中一个答案是正确的，可以采用排除法确定答案的正误；如果无法准确判断题目的答案，也有一些经验可以参考：其一是相信自己的第一感觉；其二是要注意考试题目中表达的语气，凡是太绝对的说法往往都是错误的，如包括"只能""只有""一定""肯定"等词的选项。

⑥确定题目的正反向选择。要看清楚题目问的是正向的选择还是反向的选择，有的题目问的是4个选项的表达中哪一个是正确的，而有些题目问的是4个选项中哪一个是不正确的，因此一定要看清楚。

4. 操作题的复习方法和答题技巧

①多练习，勤上机。学懂了，并非学会了，要想把知识真正变成能操作运用的工具和本领就必须时时巩固。

②操作的多样性。要注意完成某个任务或执行某个功能的多种方法，在练习的时候对于每一种方法都要有所了解，所以自己在操作的时候最应关心的不是结果而是这个结果是如何达成的，是用了哪个菜单和选了哪个选项等。对软件的常用菜单都能做什么事或者反过来说做什么事要用什么菜单要多学习、多掌握。

③熟悉上机环境。在有条件的情况下，尽量在考试机房进行上机练习。

④先易后难。首先做自己有把握的题目,再做有困难的题目。

⑤耐心细致。因为上机考试的评分是以机评为主,人工复查为辅。虽然机评不存在公正性的问题,但却存在呆板性的问题,考生若不考虑到这些情况,也可能丢分。在答题的时候,最重要的是耐心细致,切勿慌乱。

⑥注意细节。确保文件名完全正确,不能出现多余的空格。

1.2.3 考试注意事项

1. 全国计算机等级考试注意事项

①首先对考试用机的环境进行设置,如隐藏的文件或文件夹及文件扩展名要显示出来。

②考生所有作答均须保存在考生文件夹下,否则将影响考试评分或不得分。

③考生在作答选择题时键盘被封锁,使用键盘无效,只能使用鼠标答题。

④选择题部分只能进入一次,退出后不能再次进入。

⑤选择题部分不单独计时。

⑥MS Office 文件须使用 MS Office 软件操作,使用其他应用软件影响考试评分或不得分。

⑦考生须按题目要求保存文件,文件名、文件格式错误将影响考试评分或不得分。

2. 全国计算机等级考试考场规则

①考生在考前 15 分钟到达考场,由工作人员核验考生准考证、有效身份证件。考生持准考证、有效身份证件进入考场,缺一不得参加考试。

②考生只准携带必要的考试文具(如钢笔、圆珠笔等)入场,不得携带任何书籍资料、通信设备、数据存储设备、智能电子设备等辅助工具及其他未经允许的物品。

③考生入场后,应对号入座,并将本人的准考证、有效身份证件放在桌上。

④考生在计算机上输入自己的准考证号,并核验屏幕上显示的姓名、有效身份证件号,如有不符,应立刻举手,与监考人员取得联系,说明情况。

⑤在自己核验无误后,等待监考人员的统一指令开始进行正式考试。

⑥考试开始后,迟到考生不得进入考场,考试开始后 15 分钟内,考生不准离开考场。

⑦考试时间由系统自动控制,计时结束后系统将自动退出作答界面。

⑧考生在考场内应保持安静,严格遵守考场纪律,对于违反考场规定、不服从监考人员管理和作弊者将按规定给予处罚。

⑨考试过程中,如出现死机或系统错误等,应立刻停止操作,举手与监考人员联系。

⑩考生考试时,禁止抄录有关试题信息。

⑪考生交卷后,举手与监考人员联系,等监考人员确认考生交卷正常后,方可离开。

⑫考生离开考场后,不准在考场附近逗留或交谈。

⑬考生应自觉服从监考人员的管理,不得以任何理由妨碍监考人员的正常工作。监

考人员有权对考场内发生的问题按规定进行处理。对扰乱考场秩序,恐吓、威胁监考人员的考生,参照《教育部关于修改〈国家教育考试违规处理办法〉的决定》(中华人民共和国教育部第33号令)处理。

3. 全国计算机等级考试考生须知

(1)考生按照省级承办机构公布的报名流程到考点现场报名或网上报名。

①考生凭有效身份证件进行报名。有效身份证件指居民身份证(含临时身份证)、港澳居民来往内地通行证、台湾居民往来大陆通行证和护照。

②报名时,考生应提供准确的出生日期(8位字符型),否则将导致成绩合格的考生无法进行证书编号和打印证书。

③现场报名的考生应在一式两联的《考生报名登记表》上(含照片)确认信息,对于错误的信息应当场提出,更改后再次确认,无误后方可签字;网上报名的考生自己对填报信息负责。

④现场报名的考生领取准考证时,应携带考生报名登记表(考生留存)和有效身份证件方能领取,并自行查看考场分布、时间;网上报名的考生,按省级承办机构要求完成相应的工作。

(2)考生应携带本人准考证和有效身份证件参加考试。

(3)考生应在考前15分钟到达考场,交验准考证和有效身份证件。

(4)考生提前5分钟在考试系统中输入自己的准考证号,并核对屏幕显示的姓名、有效身份证件号,如不符合,由监考人员帮其查找原因。考生信息以报名库和考生签字的《考生报名登记表》信息为准,不得更改报名信息和登录信息。

(5)考试开始后,迟到考生禁止入场,考试开始15分钟后考生才能交卷并离开考场。

(6)在出现系统故障、死机、死循环、供电故障等特殊情况时,考生举手由监考人员判断原因。如属于考生误操作造成,后果由考生自负,给考点造成经济损失的,由考生个人负担。

(7)对于违规考生,由教育部考试中心根据违规记录进行处理。

(8)考生成绩等第分为优秀、及格、不及格三等,90~100分为优秀、60~89分为及格、0~59分为不及格。

(9)在证书的"成绩"项处,成绩为"及格"的,证书上只打印"合格"字样;成绩为"优秀"的,证书上打印"优秀"字样。

(10)考生领取全国计算机等级考试合格证书时,应本人持有效身份证件领取,并填写领取登记清单。

(11)考生对分数的任何疑问,应在省级承办机构下发成绩后5个工作日内,向其报名的考点提出书面申请。

(12)由于个人原因将合格证书遗失、损坏等,符合补办条件的,由个人在中国教育考试网(www.neea.edu.cn)申请办理。

第 2 部分　考点精讲

2.1　计算机基础知识

2.1.1　计算机概述

▶考点 1:计算机的诞生与发展

人类历史上第一台电子计算机 ENIAC(Electronic Numerical Integrator And Computer, 电子数字积分计算机)于 1946 年 2 月 14 日在美国宾夕法尼亚大学成功投入运行,它标志着计算机的诞生。被称为现代计算机之父的美籍匈牙利数学家冯·诺依曼提出了"冯·诺依曼"原理,其基本思想如下:

①存储程序控制;

②采用二进制表示信息;

③计算机五大基本组成部件:运算器、控制器、存储器、输入设备和输出设备。

计算机从诞生至今,可以分为 4 个阶段,也称为 4 个时代,即电子管时代、晶体管时代、集成电路时代和超大规模集成电路时代。这 4 个时代的计算机特征见表 2.1.1。

表 2.1.1　计算机时代的划分及其主要特征

阶段	年份	物理器件	存储器	软件特征	运算速度	应用领域
第一代	1946—1957 年	电子管	延迟线、磁芯、磁鼓、磁带、纸带	机器语言、汇编语言	5 000 ~ 30 000 次/秒	科学计算
第二代	1958—1964 年	晶体管	磁芯、磁鼓、磁带、磁盘	高级语言	几十万至百万次/秒	科学计算、数据处理、工业控制
第三代	1965—1970 年	集成电路	半导体存储器、磁鼓、磁带	操作系统	百万至几百万次/秒	科学计算、数据处理、工业控制、文字处理、图形处理
第四代	1970 年至今	超大规模集成电路	半导体存储器、光盘	数据库、网络等	几百万至数亿次/秒	各个领域

【经典习题 1】世界上第一台计算机的英文缩写名为(　　　　)。

A. MARK-Ⅱ　　　　B. ENIAC　　　　C. EDVAC　　　　D. EDSAC

【答案】B

【解析】本题考查的是计算机发展历程的掌握情况。

【经典习题2】冯·诺依曼计算机采用了(　　)概念。

A. 二进制　　　　　　B. 高速电子元件　　C. 程序设计语言　　D. 存储程序控制

【答案】D

【解析】本题考查的是冯·诺依曼计算机的基本概念之一:存储程序控制。

▶考点2:计算机的特点、分类与应用

1. 计算机的特点

• 运算速度快;

• 计算精度高;

• 具有存储记忆能力;

• 具有数据分析和逻辑判断能力。

【经典习题1】下列不属于计算机特点的是(　　)。

A. 存储程序控制,工作自动化　　　　　　B. 不具有逻辑推理和判断能力

C. 处理速度快　　　　　　　　　　　　　D. 具有存储记忆能力

【答案】B

【解析】本题考查的是对计算机特点的掌握情况。计算机的特点有运算速度快、计算精度高、具有存储记忆能力、具有数据分析和逻辑判断能力。

2. 计算机的分类

计算机发展到今天,可谓种类繁多,对它的分类方法也有很多,通常从3个不同的角度对其分类。

(1)按工作原理分类

根据计算机的工作原理,计算机可分为电子数字计算机和电子模拟计算机。

(2)按用途分类

根据计算机的用途和适用领域,计算机可分为通用计算机和专用计算机。

(3)按规模分类

计算机从规模上可分为巨型机、大型机、中型机、小型机、微型机和单片机。

【经典习题2】处理模拟量的计算机是(　　)。

A. 电子数字计算机　　B. 电子模拟计算机　　C. 通用计算机　　D. 专用计算机

【答案】B

【解析】本题考查的是计算机的分类,按照工作原理计算机可分为两类:电子数字计算机和电子模拟计算机。处理模拟量的计算机就是电子模拟计算机。

3. 计算机的应用

随着计算机技术的不断发展,计算机的应用已渗透到国民经济的各个领域,正在改变着人类的生产、生活方式。概括起来,计算机主要应用于以下几个领域。

（1）数值计算

数值计算也称科学运算，是利用计算机来完成科学研究和工程设计中的数学计算，这是计算机最基本的应用。

（2）信息处理

信息处理也称事务数据处理，是利用计算机对数据进行加工、检测、分析、传送、存储，广泛应用于企业管理、经济管理、办公自动化、辅助教学、排版印刷、娱乐、游戏等方面，常见的有办公自动化系统（Office Automatical，OA）、管理信息系统（Management Information System，MIS）等。

（3）过程控制

过程控制也称实时控制，是利用计算机及时搜索检测数据，按最佳值进行自动控制或自动调节控制对象，这是实现生产自动化的重要手段。例如，工业生产的自动检测、自动启停、自动记录等。

（4）计算机辅助工程

计算机辅助工程是利用计算机作为工具，辅助人在特定应用领域内完成相关任务。现在应用广泛的计算机辅助工程有计算机辅助设计（Computer Aided Design，CAD）、计算机辅助制造（Computer Aided Manufacturing，CAM）、计算机辅助测试（Computer Aided Test，CAT）、计算机辅助教学（Computer Aided Instruction，CAI）等。

（5）人工智能

人工智能主要是研究如何利用计算机去"模仿"人的智能，使计算机具有"推理""学习"的功能。这是近年来开辟的计算机应用新领域。

【经典习题3】"学校教务管理系统"从计算机应用领域上看，它属于（　　）。

A. 科学计算　　　　　　B. 辅助设计　　　　　　C. 实时控制　　　　　　D. 信息处理

【答案】D

【解析】本题考查的是计算机应用领域，教务管理系统负责处理与学生和教学相关的数据信息，所以它属于信息处理。

【经典习题4】英文缩写CAD的中文意思是（　　）。

A. 计算机辅助教学　　B. 计算机辅助制造　　C. 计算机辅助设计　　D. 计算机辅助管理

【答案】C

【解析】考生要熟记计算机应用中的专用英语简称，如计算机辅助设计（Computer Aided Design，CAD）、计算机辅助制造（Computer Aided Manufacturing，CAM）、计算机辅助测试（Computer Aided Test，CAT）、计算机辅助教学（Computer Aided Instruction，CAI）等。

提示：该考点都是需要识记的内容，考生不要把内容混淆了。

▶考点3：未来计算机的发展趋势

未来计算机将以超大规模集成电路为基础，向巨型化、微型化、网络化和智能化方向发展。

（1）巨型化

巨型化是指计算机具有极高的运算速度、大容量的存储空间、更加强大和完善的功能，主要用于航空航天、军事、气象、人工智能、生物工程等学科领域。

（2）微型化

微型化是指计算机体积更小、质量更轻、价格更低，更便于应用于各个领域及各种场合。计算机芯片的集成度越来越高，所能完成的功能越来越多，使计算机微型化的进程和普及率越来越快。

（3）网络化

网络化是计算机技术和通信技术紧密结合的产物。计算机网络将不同地理位置上具有独立功能的不同计算机通过通信设备和传输介质互连起来，在通信软件的支持下，实现网络中的计算机之间共享资源、交换信息、协同工作。计算机网络的发展水平已成为衡量国家现代化程度的重要指标。

（4）智能化

智能化是指计算机能够具有模拟人类智力活动的能力，如学习、感知、理解、判断、推理等。它可以利用已有的和不断学习到的知识，进行思维、联想、推理，并得出结论，能解决复杂问题，具有汇集记忆、检索有关知识的能力。

计算机未来可能在光子计算机、生物计算机、量子计算机、超导计算机、模糊计算机等研究领域上取得突破。

【经典习题】下列关于计算机发展趋势的描述，正确的是（　　　）。

A. 智能化　　　　　　　　B. 集中化　　　　　　　　C. 区域化　　　　　　　　D. 模糊化

【答案】A

【解析】本题考查的是计算机的发展趋势：巨型化、微型化、网络化、智能化。

2.1.2　计算机的数据处理

▶考点1：计算机中数据的表示与存储

1. 计算机中的数制

信息既不是物质，也不是能量，它是指事物运动的状态及状态变化的方式；信息是认识主体所感知或所表达的事物运动及其变化方式的形式、内容和效用；信息是人们认识世界和改造世界的一种资源。

信息处理过程是指信息的收集、加工、存储、传递及使用过程。信息技术（Information Technology，IT）是指用来扩展人们的信息器官功能并协助人们更有效地进行信息处理的一类技术。信息表示是计算机科学中的基础理论。计算机中的信息分为数值信息和非数值信息。计算机中的信息都是由 0 和 1 构成的二进制代码表示。计算机领域中涉及的数制有 4 种：二进制（Binary，B）、八进制（Octal，O）、十进制（Decimal，D）和十六进制（Hexadecimal，H）。

2.计算机中的信息存储单位

（1）位（bit）

位是计算机中度量数据的最小单位。代码只有0和1，无论0还是1在CPU中都是1位。

（2）字节（Byte）

一个字节由8个位组成，是表示存储容量的基本单位，简写为"B"，即1 B = 8 bit。在计算机中可以用一个字节来表示一个数字、英文字母和一些其他特殊符号。

计算机内部为了便于衡量存储器的大小，统一以字节为单位。表2.1.2为常用的存储单位。

表2.1.2 常用的存储单位

名　称	简　写	大小关系
位	bit	位是计算机内最小单位
字节	B	1 B = 8 bit
千字节	KB	1 KB = 1 024 B
兆字节	MB	1 MB = 1 024 KB
吉字节	GB	1 GB = 1 024 MB
太字节	TB	1 TB = 1 024 GB

提示：该考点经常出现在考查存储单位大小关系的题目中，需要掌握各个单位之间的换算。

【经典习题1】在下列关于"计算机采用二进制的原因"的说法中，不正确的是（　　）。

A. 符合逻辑运算　　　　　　　　　　　B. 物理上容易实现

C. 人们习惯用二进制表示数　　　　　　D. 运算规则简单

【答案】C

【解析】本题考查的是二进制的基本概念。只有计算机内部采用二进制，而人们在生活中习惯使用十进制。

【经典习题2】1 MB的准确值是（　　）。

A. 1 024 × 1 024 bit　　　B. 1 024 KB　　　C. 1 024 MB　　　D. 1 000 × 1 000 KB

【答案】B

【解析】本题考查的是存储单位之间的换算关系：1 MB = 1 024 KB = 1 024 × 1 024 B = 1 024 × 1 024 × 8 bit。

▶考点2：常见数制及其转换

1.进位计数制

所谓进位计数制，就是人们通常说的进制或数制，是指用一组固定的数字和一套统一的规则来表示数目的方法。在日常生活中最常用的是十进制数，其进位、借位的规则是"逢十进一、借一当十"，它用0、1、2、3、4、5、6、7、8、9共10个计数符号表示数的大小，这些符号称为数码,全部数码的个数称为基数(十进制的基数是 10),不同的位置有各自的位权。例如,十进制数个位的位权是 10^0,十位的位权是 10^1,百位的位权是 10^2。

常用的进制有二进制、八进制、十进制和十六进制,有时为了表达方便,常常在数字后面加上一个字母后缀,表示不同进制的数,有时也用在括号右下角添加下标数字的形式表示某种进制。常用进制及其表示方法见表 2.1.3。

表 2.1.3　常用进制及其表示方法

名　称	表示符号	基本符号数码
十进制	D	0、1、2、3、4、5、6、7、8、9
二进制	B	0、1
八进制	O	0、1、2、3、4、5、6、7
十六进制	H	0、1、2、3、4、5、6、7、8、9、A、B、C、D、E、F

2. 常用数制之间的转换

(1)十进制数转换为二进制数

整数部分的转换与小数部分的转换要分别进行,然后再组合。

①十进制整数转换为二进制、八进制、十六进制整数。

如果把二进制、八进制、十六进制统称为 R 进制,十进制整数转换成 R 进制数的方法是采用"除 R 取余"法。例如,将十进制数转换成二进制数的方法是"除 2 取余"法,即反复除以 2 直到商为 0,每次相除得到的余数就是新得二进制数的每一位数。先得到的余数是新得二进制数的低位数,后得到的是新得二进制数的高位数。

②十进制小数转换为二进制小数。

十进制小数转换成二进制小数采用"乘 2 取整"法,即反复乘以 2 取整数,直到小数为 0 或达到精度要求为止,先得到的整数为新得二进制小数的高位数,后得到的整数为新得二进制小数的低位数。

(2)二进制、八进制、十六进制数转换为十进制数

二进制数、八进制数和十六进制数转换为所对应的十进制数,采用"按权展开求和"的方法。

(3)二进制数与八进制数、十六进制数的相互转换

①二进制数转换成八进制数。

二进制数转换成八进制数的方法:以小数点为起点,整数部分从右至左,每 3 位一组,不足 3 位时,在高位补 0;小数部分从左至右,每 3 位一组,不足 3 位时,在低位补 0,每组对应一位八进制数。

反之,八进制数转换为二进制数的方法是八进制数的每一位对应二进制数的 3 位。

②二进制数转换成十六进制数。

二进制数转换成十六进制数的方法:以小数点为起点,整数部分从右至左,每 4 位一

组,不足 4 位时,在高位补 0;小数部分从左至右,每 4 位一组,不足 4 位时,在低位补 0,每组对应一位十六进制数。

反之,十六进制数转换为二进制数的方法是十六进制数的一位对应二进制数的 4 位。

十进制数、二进制数、八进制数和十六进制数的相互转换见表 2.1.4。

表 2.1.4　各种进制数码对照表

十进制	二进制	八进制	十六进制	十进制	二进制	八进制	十六进制
0	0	0	0	9	1001	11	9
1	1	1	1	10	1010	12	A
2	10	2	2	11	1011	13	B
3	11	3	3	12	1100	14	C
4	100	4	4	13	1101	15	D
5	101	5	5	14	1110	16	E
6	110	6	6	15	1111	17	F
7	111	7	7	16	10000	20	10
8	1000	10	8	17	10001	21	11

提示:考生遇见进制之间的换算题,特别是八进制、十六进制还有十进制之间的换算的时候,都尽量先把它们转换成二进制再进行换算,这样出错的概率最低。

【经典习题 1】用 7 位二进制数能表示的最大无符号整数等于十进制整数(　　)。

A. 255　　　　　　　B. 256　　　　　　　C. 128　　　　　　　D. 127

【答案】D

【解析】本题考查的是进制之间的换算关系,7 位二进制数表示的最大无符号整数为 1111111,换算成十进制数为 127。

【经典习题 2】十进制数 101 转换成无符号二进制整数是(　　)。

A. 0110101　　　　　　B. 01101000　　　　　　C. 01100101　　　　　　D. 01100110

【答案】C

【解析】本题考查的是进制之间的换算关系,考生要熟记十进制转换二进制的方法,就是"除 2 取余"。

【经典习题 3】如果在一个非零无符号二进制数的尾部增加两个 0,则此数的值为原数的(　　)。

A. 4 倍　　　　　　　B. 2 倍　　　　　　　C. 1/2　　　　　　　D. 1/4

【答案】A

【解析】本题考查的是进制之间的换算关系,后面增加两个 0,代表数字增加 4 倍。

【经典习题 4】下列数值中最大的是(　　)。

A. 111011B　　　　　　B. 80D　　　　　　　C. 7AH　　　　　　　D. 102O

【答案】C

【解析】本题考查的是进制之间的换算关系,应把所有进制的数换算成同一进制的数进行比较。

►考点3:西文字符的编码

在计算机内部,除了数值信息外,还有其他信息,如文字、声音、图形、图像、动画、视频等非数值信息。这些非数值信息在计算机内也是采用0和1两个符号来进行编码和表示的。常见的字符编码有 ASCII 码和 EBCDIC 码。

ASCII 码是美国标准信息交换码的简称,是目前国际上最为流行的字符信息编码方案。标准的 ASCII 码是用7位二进制位表示数据信息,最多可表示 2^7(128)个不同的符号,包括0~9共10个数字、52个大小写英文字母、32个标点符号和运算符以及34种控制字符,如回车、换行等。例如,数字"0—9"的 ASCII 编码值为"48—57",大写字母"A—Z"的 ASCII 编码值为"65—90",小写字母"a—z"的 ASCII 编码值为"97—122"。数字、大写字母、小写字母的 ASCII 编码值是连续的。

标准 ASCII 编码只采用7位二进制位,并没有用到字节的最高位。为了方便计算机处理和信息编码的扩充,人们一般将标准 ASCII 码的最高位前增加一位0,凑成一个字节,即8位二进制位,以便于存储和处理,这就是扩展的 ASCII 码。在计算机系统中,通常利用这个字节的最高位作为校验码,以便提高字符信息传输的可靠性。

【经典习题1】在 ASCII 码表中,按照 ASCII 码值从小到大的排列顺序是(   )。

A. 数字、英文大写字母、英文小写字母   B. 数字、英文小写字母、英文大写字母
C. 英文大写字母、英文小写字母、数字   D. 英文小写字母、英文大写字母、数字

【答案】A

【解析】本题考查的是在 ASCII 编码中,数字字符、英文字母的 ASCII 值的排列顺序,顺序为英文小写字母 > 英文大写字母 > 数字字符。

【经典习题2】字符 C 的 ASCII 码为 1000011,则字符 E 的 ASCII 码为(   )。

A. 1000100   B. 1000101   C. 1000111   D. 1001010

【答案】C

【解析】C 的 ASCII 码为 1000011,E 与 C 相差2,转换为二进制是 101000011 + 10 = 1000101。

►考点4:汉字的编码

计算机只识别由0、1组成的编码,而对于常用的汉字,计算机是不能直接识别的。为了使计算机更好地处理汉字信息,需要对每个汉字进行编码。由于汉字的数量远大于128,所以在计算机内部存储汉字时,使用16位二进制位即两个字节来表示一个汉字。这样就可以对 2^{16} = 65 536 个汉字进行编码。汉字常用的编码技术有国标码、机内码和区位码。

(1)国标码

我国国家标准局于1981年5月颁布了《信息交换用汉字编码字符集——基本集》,国家标准代号为 GB 2312—80,习惯上称为国标码。其共对6 763个汉字和682个图形字符进行了编码,其编码原则是两个字节表示一个汉字,每个字节用七位码,该字节的最高位为0。

（2）机内码

为了避免 ASCII 码和国标码同时使用时产生二义性问题,大部分汉字系统都采用将国标码两个字节最高位置 1 作为汉字机内码。这样既解决了汉字机内码与西文机内码之间的二义性,又使汉字机内码与国标码具有极简单的对应关系。例如,假设一个汉字的国标码为 0101 0000 0110 0011,即 5063H,而按机内码组成规则该汉字的机内码为 1101 0000 1110 0011,即 D0E3H,两者刚好相差 8080H。换句话说,机内码 = 国标码 + 8080H。

（3）区位码

将 GB 2312—80 的全部字符集排列在一个 94 行 ×94 列的二维代码表中,每两个字节分别用两位十进制编码,前字节的编码称为区码,后字节的编码称为位码,此即区位码。

（4）字形码

字形码是点阵代码的一种。为了将汉字在显示器或打印机上输出,把汉字按图形符号设计成点阵图,就得到了相应的点阵代码（字形码）。

显示一个汉字一般采用 16 × 16 点阵或 24 × 24 点阵或 48 × 48 点阵。已知汉字点阵的大小,可以计算出存储一个汉字所需占用的字节空间。

提示:

区位码 = 国标码 − 2020H;

机内码 = 区位码 + A0A0H。

【经典习题 1】一个汉字的机内码需用两个字节存储,其每个字节的最高二进制位的值分别为(   )。

A.0,0   B.1,0   C.0,1   D.1,1

【答案】D

【解析】本题考查的是机内码的概念,机内码的每个字节最高位恒为 1。

【经典习题 2】存储 1 024 个 24 × 24 点阵的汉字字形码需要的字节数是(   )。

A.720 B   B.72 KB   C.7 000 B   D.7 200 B

【答案】B

【解析】本题考查的是字形码的概念,已知汉字点阵的大小,可以计算出存储一个汉字所需占用的字节空间。1 024 × 24 × 24/8 = 72 × 1 024 B = 72 KB。

2.1.3　计算机软、硬件系统

▶考点 1:计算机硬件系统基本组成

1. 计算机硬件系统

计算机硬件系统由运算器、控制器、存储器、输入设备和输出设备五大基本部分构成。它们是组成计算机的实体。其中存储器又分为内存储器和外存储器。在五大部件中,运算器和控制器是计算机的核心,一般称为中央处理器,简称“CPU”。CPU 和内存储器合起来称为主机。计算机硬件系统组成如图 2.1.1 所示。

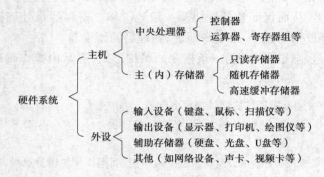

图 2.1.1 计算机硬件系统

【经典习题1】组成计算机硬件系统的基本部分是(　　)。

A. 中央处理器、键盘和显示器 　　　　 B. 主机和输入/输出设备

C. 中央处理器和输入/输出设备 　　　　 D. 中央处理器、硬盘、键盘和显示器

【答案】B

【解析】本题考查了硬件系统的基本概念,硬件系统包括运算器、控制器、存储器、输入设备和输出设备五大部分,其中运算器、控制器和内存储器合起来又称为主机。

【经典习题2】通常所说的计算机主机是指(　　)。

A. 中央处理器和内存 　　　　 B. 中央处理器和硬盘

C. 中央处理器、内存和硬盘 　　　　 D. 中央处理器、内存与 CD-ROM

【答案】A

【解析】本题考查了计算机主机的概念,运算器、控制器和内存储器合起来称为主机,其中运算器和控制器一般称为中央处理器。

2. 运算器

计算机中的运算器由加法器、寄存器、累加器等逻辑电路组成,主要负责对信息或数据进行各种加工和处理,它在控制器的控制下,与内存交换信息。运算器内部有一个算术逻辑单元(Arithmetic Logic Unit,ALU),进行各种算术运算和逻辑运算。计算机通过加法器和移位器来实现算术运算中的加、减、乘、除运算。

运算器包括寄存器、执行部件和控制电路 3 部分。

【经典习题3】运算器(ALU)的功能是(　　)。

A. 只能进行逻辑运算 　　　　 B. 进行算术运算或逻辑运算

C. 只能进行算术运算 　　　　 D. 做初等函数的计算

【答案】B

【解析】本题考查了运算器的概念,运算器内部有一个算术逻辑单元(Arithmetic Logic Unit,ALU),进行各种算术运算和逻辑运算。

3. 控制器

控制器主要包括指令寄存器、指令译码器、程序计数器、操作控制器等,主要负责从存

储器中取指令,并对指令进行翻译。它根据指令的要求,按时间的先后顺序,负责向其他各部件发出控制信号,从而保证各部件协调一致地工作。寄存器是处理器内部的暂时存储单元,用来暂时存放指令、下一条指令地址、处理后的结果等。

指令就是用二进制代码表示的一条指令的结构形式,通常由操作码和地址码两种字段组成。

【经典习题4】用来控制、指挥和协调计算机各部件工作的是(　　)。

A. 运算器　　　　　　　B. 鼠标　　　　　　　C. 控制器　　　　　　　D. 存储器

【答案】C

【解析】本题考查了控制器的功能,控制器主要用于控制、指挥和协调计算机各部件工作。

4. 中央处理器(Central Processing Unit,CPU)

中央处理器又称为中央处理单元,它主要由运算器、控制器组成,是一台计算机的运算核心和控制核心。中央处理器主要用来执行各种指令,完成各种计算和控制功能。CPU 的主要性能指标是时钟主频和字长。

运算速度是衡量计算机性能的一项重要指标。通常所说的计算机运算速度(平均运算速度)是指每秒所能执行的指令条数,用"百万条指令/秒"(Million Instruction Per Second,MIPS)来描述。同一台计算机执行不同的运算所需的时间可能不同,因而对运算速度的描述常采用不同的方法。微型计算机一般采用主频来描述运算速度,主频的单位为赫兹(Hz)。

计算机在同一时间内处理的一组二进制数称为一个计算机的"字",而这组二进制数的位数即长度就是该计算机的字长。当其他指标相同时,字长越长,计算机处理数据的速度就越快。现在的计算机大多是 64 位字长。

提示:该考点都是需要识记的内容,考生不要把内容混淆了。

【经典习题5】CPU 的主要性能指标是(　　)。

A. 字长和时钟主频　　　　　　　　　　B. 可靠性

C. 耗电量和效率　　　　　　　　　　　D. 发热量和冷却效率

【答案】A

【解析】本题考查了 CPU 的基本概念,CPU 的主要性能指标是字长和时钟频率。

【经典习题6】字长是 CPU 的主要性能指标之一,它表示的是(　　)。

A. CPU 在同一时间内能处理二进制数据的位数

B. CPU 最长的十进制整数的位数

C. CPU 最大的有效数字位数

D. CPU 计算结果的有效数字长度

【答案】A

【解析】本题考查了字长的概念,字长是 CPU 在同一时间内能处理的二进制数的位数。

5. 存储器

存储器是用来存放指令和数据的硬件,是计算机各种信息的存储和交流中心。按照存储器在计算机中的作用,可分为内存储器和外存储器。

(1)内存储器

内存储器又称为主存储器或内存,分为随机存取存储器(Random Access Memory,RAM)和只读存储器(Read Only Memory,ROM)。

①随机存取存储器

使用随机存取存储器存取信息时,既可读也可写,主要用于存取系统运行时的程序和数据。RAM的特点是存取速度快,但断电后其存放的信息全部丢失,无法恢复。

②只读存储器

只读存储器是一种只能读出信息不能随意写入的存储器,其最大的特点是断电后其中的信息不会丢失。只读存储器常用来存放一些固定的程序和数据,这些程序和数据是在计算机出厂时厂家按特殊方法写入的,一般将开机检测、系统初始化程序等固化在只读存储器中。

目前常用的只读存储器除了ROM外还有可擦除可编程的只读存储器(Erasable Programmable ROM,EPROM)和电可擦除可编程只读存储器(Electrically Erasable Programmable ROM,EEPROM)。用户可通过编程器将数据或程序写入EPROM,如需重新写入可通过紫外线照射EPROM,将原来的信息擦除,然后写入,即可重复擦除和写入。而EEPROM可以在计算机上或专用设备上擦除已有信息,重新编程。

(2)高速缓冲存储器(Cache)

随着CPU运算速度的提高,内存和CPU运行速度不匹配的矛盾表现得越来越突出。为了解决这个问题,引入了高速缓冲存储器。Cache又分为一级Cache(L1 Cache)和二级Cache(L2 Cache)。L1 Cache集成在CPU内部,L2 Cache可以焊接在主板上,也可以集成在CPU内部,目前微型计算机中的L2 Cache大都集成在CPU中。

(3)辅助存储器

辅助存储器又称为外存,是内存的补充和后援,它的存储容量大,是内存容量的数十倍或数百倍,可以存储CPU暂时不会用到的信息和数据。当CPU需要用到外存中的信息和数据时,可以将数据从外存读入内存,然后由CPU从内存中调用。因此,外存只同内存交换信息,而CPU则只和内存交换信息。外存较内存最显著的特点是其断电后也可长久保存信息。

目前,微型计算机上常用的外存包括磁盘存储器、光盘存储器和USB闪存存储器等。

提示:为了防止存储器上的数据被误删除,有些存储器上设有写保护装置。具有写保护功能的存储器常见于U盘和SD卡。打开写保护后,就无法往存储器上写入数据,同样也无法删除存储器上的数据。

【经典习题7】ROM是指( )。

A.随机存储器　　　B.只读存储器　　　C.外存储器　　　D.辅助存储器

【答案】B

【解析】本题考查了存储器的基本概念,对于RAM(随机存取存储器)和ROM(只读存储器)的认识,考生在记忆的时候,记住 Only(只、仅仅)这个单词就可以了,所以 ROM 就是只读,另外一个就是随机。

【经典习题8】当电源关闭后,下列关于存储器的说法中,正确的是(   )。

A. 存储在 RAM 中的数据不会丢失　　　　　B. 存储在 ROM 中的数据不会丢失

C. 存储在 U 盘中的数据会全部丢失　　　　　D. 存储在硬盘中的数据会丢失

【答案】B

【解析】本题考查了 RAM 的特征。一般来说,电源断电后,RAM 的数据会丢失。

【经典习题9】配置 Cache 是为了解决(   )。

A. 内存与外存之间速度不匹配问题　　　　　B. CPU 与外存之间速度不匹配问题

C. CPU 与内存之间速度不匹配问题　　　　　D. 主机与外部设备之间速度不匹配问题

【答案】C

【解析】本题考查了 Cache 的概念,Cache 是为了解决 CPU 与内存之间的速度不匹配问题而引入的。

【经典习题10】下列叙述中错误的是(   )。

A. 硬盘与 CPU 之间可以直接交换数据　　　　B. 硬盘在主机箱内,可以存放大量文件

C. 硬盘是外存储器之一　　　　　　　　　　　D. 硬盘的技术指标之一是每分钟的转速

【答案】A

【解析】本题考查了硬盘的基本概念,硬盘不能和 CPU 直接交换数据,数据必须被调用到内存才可以被 CPU 执行。

6. 输入/输出设备

输入/输出设备(I/O 设备)是数据处理系统的关键外部设备之一,起到了人与机器之间进行联系的作用。

(1)输入设备

输入设备是指将各种外部信息和数据转换成计算机可以识别的电信号的设备。常见的输入设备很多,如键盘、鼠标、扫描仪、触摸屏、数码相机等。

(2)输出设备

输出设备是指能将计算机内部处理后的信息传递出来的设备。常见的输出设备有打印机、显示器、绘图仪等。其工作原理与输入设备正好相反,是将计算机中的二进制信息转换为相应的电信号,以十进制或其他形式记录在媒介物上。许多设备既可以作为输入设备,又可以作为输出设备,如 U 盘、光盘、移动硬盘等。

显示器(Monitor)是计算机系统中最基本的、必不可少的输出设备,是人机对话的主要工具。

显示器的性能指标有分辨率、灰度级和刷新率。分辨率是指显示屏上像素点的多少,一般用整个屏幕光栅的列数与行数的乘积来表示(如 1 024 × 768),乘积越大表明像素越密,分辨率就越高,图像质量越好。现在常用的分辨率是 800 × 600 像素、1 024 × 768 像素、1 280 × 1 024 像素。灰度级是指每个像素点的明暗层次级别,或指可以显示的颜色数目,其值越高,图像层次越清楚逼真。若用 8 位来表示一个像素,则可有 256 级灰度或颜色。刷新率以赫兹为单位,若刷新率过低,屏幕会有闪烁抖动现象。

【经典习题11】在外部设备中,扫描仪属于( )。

A. 输出设备　　　　　B. 存储设备　　　　　C. 输入设备　　　　　D. 特殊设备

【答案】C

【解析】本题考查的是计算机输入/输出设备的分类,扫描仪属于输入设备。

【经典习题12】在下列设备中,不能作为计算机输出设备的是( )。

A. 鼠标　　　　　　　B. 打印机　　　　　　C. 显示器　　　　　　D. 绘图仪

【答案】A

【解析】本题考查的是计算机输入/输出设备的分类,鼠标属于输入设备。

▶**考点2:计算机软件系统基本组成**

　　一个计算机系统必须软、硬件齐备,且合理地协调配合,才能正常运行。所谓软件是指各种程序、数据和文档的集合。不同功能的软件由不同的程序组成,这些程序通常被存储在计算机的外部存储器中,需要使用时才调入内存运行。计算机软件系统组成如图2.1.2所示。

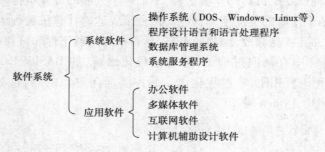

图2.1.2　计算机软件系统

1. 系统软件

(1)操作系统

　　操作系统是最重要的系统软件,它能帮助人们管理好计算机系统中的各种软、硬件资源,合理组织计算机工作流程,控制程序的执行并向用户提供各种服务功能,使用户能够灵活、方便、有效地使用计算机。

　　操作系统是一个庞大的管理控制程序,从资源管理的观点出发,大致包括5个方面的管理功能,即进程管理、作业管理、存储管理、设备管理、文件管理。目前,常见的操作系统有DOS、OS/2、UNIX、XENIX、Linux、Windows、Netware、iOS、Android等。从任务和用户管理的角度来分,操作系统又分为单用户单任务操作系统、单用户多任务操作系统和多用户多任务操作系统等。例如,DOS就属于单用户单任务操作系统,Windows 7属于单用户多任务操作系统,UNIX和Linux属于多用户多任务操作系统。所有的操作系统都具有并发性、共享性、虚拟性和不确定性4个基本特征。

(2)数据库管理系统(Database Management System,DMS)

　　数据库是在计算机里建立的一组互相关联的数据集合。数据库中的数据是独立于任何应用程序而存在的,并可为多种应用程序服务。

数据库系统包括数据库和数据库管理系统。较为著名的计算机数据库管理系统有 Informix、Visual FoxPro 和 Microsoft Access 等。另外，还有大型数据库管理系统 Oracle、DB2、Sybase 和 SQL Server 等。

（3）语言处理程序

按照计算机语言对硬件的依赖程度，通常把程序设计语言分为 3 类：机器语言、汇编语言和高级语言。

机器语言是由二进制代码"0"和"1"组成的一组代码指令，是唯一能被计算机硬件直接识别和执行的语言。机器语言占用内存小、执行速度快，但编写程序工作量大，程序可读性差。

汇编语言是一种面向机器的程序设计语言。用助词符代替操作码，用地址符号代替地址码。汇编语言在编写、阅读和调试方面有很大进步，而且运行速度快，但编程复杂，可移植性差，仍然只能在一种计算机上运行，互不通用。

高级语言是一种独立于机器的算法语言，不依赖于具体的计算机指令系统，它是直接使用人们习惯的、易于理解的英文字母、数字、符号来表达的计算机编程语言。因此，用高级语言编写的程序，简洁、易修改，编程效率高，具有很好的通用性和可移植性。

常用的高级语言中有面向过程的，称为过程化语言，如 BASIC、Pasical、FORTRAN、C 语言等。与过程化语言相比，非过程化语言是一类面向对象的语言，如 Delphi、C++、Visual Basic、Java、PHP、Python 等。

【经典习题 1】计算机软件系统应包含(　　　)。

A. 系统软件和应用软件　　　　　　　　B. 编辑软件和应用软件

C. 数据库软件和工具软件　　　　　　　D. 程序、相应数据和文档

【答案】A

【解析】本题考查的是计算机软件系统的基本概念，一个完整的计算机软件系统应包含系统软件和应用软件。

【经典习题 2】下列是手机中的常用软件，属于系统软件的是(　　　)。

A. 手机 QQ　　　　　B. iOS　　　　　C. MSN　　　　　D. 微信

【答案】B

【解析】本题考查的是计算机软件的基本概念，其中 iOS 是苹果手机的操作系统，故属于系统软件。

2. 应用软件

应用软件是为了解决各种实际问题而专门研制的软件。应用软件可以帮助人们提高工作质量、效率，解决问题。一个计算机系统的应用软件越丰富，越能发挥计算机的作用。计算机上常见的应用软件有文字处理软件、信息管理软件、网络应用软件、计算机辅助设计软件等。

【经典习题 3】在下列各组软件中，全部属于应用软件的是(　　　)。

A. 程序语言处理程序、数据库管理系统、财务处理软件

B. 文字处理程序、编辑程序、UNIX 操作系统

C. 管理信息系统、办公自动化系统、电子商务软件

D. Word 2010、Windows XP、指挥信息系统

【答案】C

【解析】本题考查的是计算机软件的基本概念,A 中的程序语言处理程序、数据库管理系统,B 中的 UNIX 操作系统,D 中的 Windows XP 都属于系统软件。

【经典习题4】在下列各组软件中,全部属于应用软件的是(   )。

A. 视频播放系统、操作系统   B. 军事指挥程序、数据库管理系统

C. 导弹飞行控制系统、军事信息系统   D. 航天信息系统、语言处理程序

【答案】C

【解析】本题考查的是计算机软件的基本概念,A 中的操作系统、B 中的数据库管理系统、D 中的语言处理程序都不属于应用软件。

▶考点3:计算机的工作原理

1."冯·诺依曼"原理

"冯·诺依曼"原理的主要内容概括起来有以下 8 个要点:

①使用单一的处理部件来完成计算、存储以及通信的工作。

②存储单元是定长的线性组织。

③存储空间的单元是直接寻址的。

④使用低级机器语言,指令通过操作码来完成简单的操作。

⑤对计算进行集中的顺序控制。

⑥计算机硬件系统由运算器、存储器、控制器、输入设备、输出设备五大部件组成,并规定了它们的基本功能。

⑦采用二进制形式表示数据和指令。

⑧在执行程序和处理数据时必须将程序和数据从外存储器装入主存储器中,然后才能使计算机在工作时能够自动地从存储器中取出指令并加以执行。

【经典习题1】1946 年首台电子数字计算机问世后,冯·诺依曼在研制计算机时,提出两个重要的改进,它们是(   )。

A. 采用二进制和存储程序控制的概念   B. 引入 CPU 和内存储器的概念

C. 采用机器语言和十六进制   D. 采用 ASCII 编码系统

【答案】A

【解析】本题考查的是"冯·诺依曼"原理的基本概念,存储程序控制和二进制是"冯·诺依曼"计算机最重要的两个概念。

2. 计算机工作原理

计算机的基本工作原理是存储程序控制,即预先把指挥计算机如何进行操作的指令序列(称为程序)和原始数据通过输入设备输送到计算机内存储器中,每一条指令中明确规定了计算机从哪个地址取数,进行什么操作,然后送到什么地方去,然后由控制器控制协调其他部件完成运算解析操作。

指令是指计算机完成某个基本操作的命令。指令能被计算机硬件理解并执行。一条指令就是计算机机器语言的一个语句,是程序设计的最小语言单位。一台计算机所能执行的全部指令的集合,称为这台计算机的指令系统。指令系统比较充分地说明了计算机对数据进行处理的能力。不同种类的计算机,其指令系统的指令数目与格式也不同。指令系统越丰富完备,编写程序就越方便灵活。指令系统是根据计算机使用要求设计的。

一条计算机指令是用一串二进制代码表示的,它通常应包括两方面的信息:操作码和地址码。操作码用来表征该指令的操作特性和功能,即指出进行什么操作;地址码指出参与操作的数据在存储器中的地址。零地址指令中只有操作码,而没有地址码。一般情况下,参与操作的源数据或操作后的结果数据都存放在存储器中,通过地址可访问该地址中的内容,即得到操作数。

程序由一系列指令的有序集合构成。计算机按照程序设定的顺序完成一系列相关操作直到程序终止的过程称为程序的执行过程。设计程序有3种常用结构,即顺序结构、分支(选择)结构和循环结构。

【经典习题2】下列关于指令系统的描述,正确的是(   )。

A. 指令由操作码和控制码两部分组成

B. 指令的地址码部分可能是操作数,也可能是操作数的内存单元地址

C. 指令的地址码部分是不可缺少的

D. 指令的操作码部分描述了完成指令所需要的操作数的类型

【答案】B

【解析】本题考查的是指令系统的基本知识,指令由操作码和地址码两部分组成,所以 A 错误;零地址指令中只有操作码,而没有地址码,所以 C 错误;操作码用来表征该指令的操作特性和功能,即指出进行什么操作,所以 D 错误。

▶考点 4:计算机的总线结构

在计算机主板上,集成了计算机常用的 3 种总线,即数据总线(Data Bus,DB)、控制总线(Control Bus,CB)和地址总线(Address Bus,AB)。总线是将信息从一个或多个源部件传送到一个或多个目的部件的一组传输线。通俗地说,总线就是多个部件间的公共连线,用于在各个部件之间传输信息。

数据总线用于传送数据信息,地址总线专门用于传送地址信息,控制总线用于传送控制信号和时序信号。

【经典习题】计算机的系统总线是计算机各部件间传递信息的公共通道,它分为(   )。

A. 数据总线和控制总线   B. 地址总线和数据总线

C. 数据总线、控制总线和地址总线   D. 地址总线和控制总线

【答案】C

【解析】本题考查的是计算机总线的基本概念,计算机的系统总线包括数据总线、控制总线和地址总线。

2.1.4 多媒体技术

▶**考点1：媒体的概念**

媒体（Media）就是人与人之间实现信息交流的中介，简单地说，就是信息的载体，也称为媒介。媒体原有两重含义：一是指存储信息的实体，如光盘、半导体存储器等；二是指传递信息的载体，如数字、文字、声音、图形等。

▶**考点2：流媒体的概念与特征**

流媒体是指采用流式传输方式在 Internet 上播放的媒体格式。流式传输方式是将视频和音频等多媒体文件经过特殊的压缩方式分成多个压缩包，由服务器向用户计算机连续、实时传送。流媒体又称流式媒体，是指内容提供者用一个视频传送服务器把节目当成数据包发出，传送到网络上。用户通过解压设备对这些数据进行解压后，节目就会显示出来。

在采用流式传输方式的系统中，用户不必像非流式播放那样等到整个文件全部下载完毕后才能看到当中的内容，而是只需要经过几秒或几十秒的启动延时即可在用户计算机上利用相应的播放器对压缩的视频或音频等流式媒体文件进行播放，剩余的部分将继续下载，直至播放完毕。这个过程的一系列相关的包称为"流"。流媒体实际指的是一种新的媒体传送方式，而非一种新的媒体。

▶**考点3：多媒体计算机**

多媒体计算机（Multimedia Computer，MC）是指能够对声音、图像、视频等多媒体信息进行综合处理的计算机。多媒体计算机一般指多媒体个人计算机（Multimedia Personal Computer，MPC）。第一台多媒体计算机于1985年面世，其主要功能是把音频、视频、图形、图像和计算机交互式控制结合起来，进行综合的处理。

多媒体计算机一般由4部分构成：多媒体硬件平台（包括计算机硬件、声像等多种媒体的输入/输出设备和装置）、多媒体操作系统、图形用户接口和支持多媒体数据开发的应用工具软件。多媒体计算机应用越来越广泛，在办公自动化、计算机辅助工作、多媒体开发和教育等领域发挥了重要的作用。

▶**考点4：多媒体信息的处理**

具有多媒体功能的计算机除可以处理数值和字符信息外，还可以处理图像和声音信息。在计算机中，图像和声音的使用能够增强信息的表现能力。对于单色图像来说，用来表示满屏图像的比特数和屏幕中的像素数正好相等。所以，用来存储图像的字节数等于比特数除以8；若是彩色图像，其表示方法与单色图像类似，但需要使用更多的二进制位来表示不同的颜色信息。

图像在计算机里分为位图和矢量图两种。位图也称为点阵图、像素图，它由许多像素组成。位图图像缩放会失真。矢量图也称为向量图，它由一系列指令组成，在计算机中只存储这些指令而不是像素。矢量图主要用于插图（如 Word 中的剪贴画）、标志等图形。

声音的表示方法是以一定的时间间隔对音频信号进行采样，并将采样结果进行量化，转化成数字信息(二进制代码"0"和"1")存储。声音的采样是在数字模拟转换时,将模拟波形分割成数字信号波形的过程,采样的频率越大,所获得的波形越接近实际波形,即保真度越高。

【经典习题1】声音与视频信息在计算机内的表现形式是(　　　)。

A. 二进制数　　　　　　B. 调制　　　　　　C. 模拟　　　　　　D. 模拟或数字

【答案】A

【解析】本题考查的是多媒体数据在计算机内表示的形式都为二进制数。

【经典习题2】对一个图形来说,用位图格式存储比用矢量图格式存储所占用的空间(　　　)。

A. 更小　　　　　　　　B. 更大　　　　　　C. 相同　　　　　　D. 无法确定

【答案】B

【解析】本题考查的是位图和矢量图的概念,位图占用的存储空间大于矢量图占用的存储空间。

2.1.5　同步训练

习题答案

单项选择题

1. 世界上公认的第一台电子计算机诞生在(　　　)。

A. 中国　　　　　　　　B. 美国　　　　　　C. 英国　　　　　　D. 日本

2. 按电子计算机传统的分代方法,第一代至第四代计算机依次是(　　　)。

A. 机械计算机、电子管计算机、晶体管计算机、集成电路计算机

B. 晶体管计算机、集成电路计算机、大规模集成电路计算机、光器件计算机

C. 电子管计算机、晶体管计算机、集成电路计算机、大规模和超大规模集成电路计算机

D. 手摇机械计算机、电动机械计算机、电子管计算机、晶体管计算机

3. 现代微型计算机中所采用的电子器件是(　　　)。

A. 电子管　　　　　　　　　　　　　B. 晶体管

C. 小规模集成电路　　　　　　　　　D. 大规模和超大规模集成电路

4. 电子计算机最早的应用领域是(　　　)。

A. 数据处理　　　　　B. 科学计算　　　　　C. 工业控制　　　　　D. 文字处理

5. "计算机集成制造系统"的英文简写是(　　　)。

A. CAD　　　　　　　B. CAM　　　　　　C. CIMS　　　　　　D. ERP

6. 组成计算机系统的两大部分是(　　　)。

A. 硬件系统和软件系统　　　　　　　B. 主机和外部设备

C. 系统软件和应用软件　　　　　　　D. 输入设备和输出设备

7. 微机硬件系统中最核心的部件是(　　　)。

A. 内存储器　　　　B. 输入/输出设备　　　　C. CPU　　　　　　D. 硬盘

8. CPU 中除了内部总线和必要的寄存器外,主要的两大部件分别是运算器和(　　　)。

A. 控制器　　　　　　B. 存储器　　　　　　C. Cache　　　　　　D. 编辑器

9. 在下列叙述中,正确的是(　　)。

A. 字长为 16 位表示这台计算机最大能计算一个 16 位的十进制数

B. 字长为 16 位表示这台计算机的 CPU 在同一时间内能处理 16 位二进制数

C. 运算器只能进行算术运算

D. SRAM 的集成度高于 DRAM

10. 32 位微机中的"32 位"指的是(　　)。

A. 微机型号　　　　　B. 内存容量　　　　　C. 存储单位　　　　　D. 机器字长

11. 计算机的主频指的是(　　)。

A. 软盘读写速度,用 Hz 表示　　　　　B. 显示器输出速度,用 MHz 表示

C. 时钟频率,用 MHz 表示　　　　　D. 硬盘读写速度

12. 度量计算机运算速度的常用单位是(　　)。

A. MIPS　　　　　B. MHz　　　　　C. MB/s　　　　　D. Mbps

13. 用来存储当前正在运行的应用程序和其相应数据的存储器是(　　)。

A. RAM　　　　　B. 硬盘　　　　　C. ROM　　　　　D. CD-ROM

14. 随机存取存储器(RAM)的最大特点是(　　)。

A. 存储量极大,属于海量存储器

B. 存储在其中的信息可以永久保存

C. 一旦断电,存储在其上的信息将全部消失,且无法恢复

D. 在计算机中,只是用来存储数据

15. 在下列各存储器中,存取速度最快的是(　　)。

A. RAM　　　　　B. 光盘　　　　　C. U 盘　　　　　D. 硬盘

16. 在计算机中,组成一个字节的二进制位的位数是(　　)。

A. 1　　　　　B. 2　　　　　C. 4　　　　　D. 8

17. KB(千字节)是度量存储器容量大小的常用单位之一,1 KB 等于(　　)。

A. 1 000 个字节　　　B. 1 024 个字节　　　C. 1 000 个二进制位　　　D. 1 024 个字

18. 在微机中,I/O 设备是指(　　)。

A. 控制设备　　　　　B. 输入/输出设备　　　　　C. 输入设备　　　　　D. 输出设备

19. 液晶显示器(LCD)的主要技术指标不包括(　　)。

A. 显示分辨率　　　B. 显示速度　　　C. 亮度和对比度　　　D. 存储容量

20. 显示器的分辨率为 1 024 ×768 像素,若能同时显示 256 种颜色,则显示存储器的容量至少为(　　)。

A. 192 KB　　　　　B. 384 KB　　　　　C. 768 KB　　　　　D. 1 536 KB

21. 在下列选项中,既可作为输入设备又可作为输出设备的是(　　)。

A. 扫描仪　　　　　B. 绘图仪　　　　　C. 鼠标　　　　　D. 磁盘驱动器

22. 移动硬盘或 U 盘连接计算机所使用的接口通常是(　　)。

A. RS-232C 接口　　　B. 并行接口　　　C. USB 接口　　　D. UBS 接口

23.计算机软件系统应包含(　　　)。

A.系统软件和应用软件　　　　　　　　B.编辑软件和应用软件

C.数据库软件和工具软件　　　　　　　D.程序、相应数据和文档

24.计算机操作系统通常具有的五大功能是(　　　)。

A.CPU 管理、显示器管理、键盘管理、打印机管理和鼠标管理

B.硬盘管理、U 盘管理、CPU 管理、显示器管理和键盘管理

C.处理器(CPU)管理、存储管理、文件管理、设备管理和作业管理

D.启动、打印、显示、文件存取和关机

25.下列各项中的两个软件均属于系统软件的是(　　　)。

A.MIS 和 UNIX　　　B.WPS 和 UNIX　　　C.DOS 和 UNIX　　　D.MIS 和 WPS

26.在计算机指令中,规定其所执行操作功能的部分称为(　　　)。

A.地址码　　　　　B.源操作数　　　　　C.操作数　　　　　D.操作码

27.用助记符代替操作码、地址符号代替操作数的面向机器的语言是(　　　)。

A.汇编语言　　　　B.FORTRAN 语言　　C.机器语言　　　　D.高级语言

28.十进制数 121 转换成无符号二进制整数是(　　　)。

A.1111001　　　　B.111001　　　　　C.1001111　　　　D.100111

29.无符号二进制整数 111111 转换成十进制数是(　　　)。

A.71　　　　　　　B.65　　　　　　　C.63　　　　　　　D.62

30.下列各个数中正确的八进制数是(　　　)。

A.1101　　　　　　B.7081　　　　　　C.1109　　　　　　D.B03A

31.十进制数 60 转换成无符号二进制整数是(　　　)。

A.0111100　　　　B.0111010　　　　C.0111000　　　　D.0110110

32.标准的 ASCII 码用 7 位二进制位表示,可表示的编码个数是(　　　)。

A.127　　　　　　B.128　　　　　　C.255　　　　　　D.256

33.在 ASCII 码表中,根据码值由小到大排列的是(　　　)。

A.空格字符、数字符、大写英文字母、小写英文字母

B.数字符、空格字符、大写英文字母、小写英文字母

C.空格字符、数字符、小写英文字母、大写英文字母

D.数字符、大写英文字母、小写英文字母、空格字符

34.已知 3 个字符为 a、Z 和 8,按它们的 ASCII 码值升序排序,结果是(　　　)。

A.8,a,Z　　　　　B.a,8,Z　　　　　C.a,Z,8　　　　　D.8,Z,a

35.存储一个 48×48 点阵的汉字字形码需要的字节数是(　　　)。

A.384　　　　　　B.144　　　　　　C.256　　　　　　D.288

36.实现音频信号数字化最核心的硬件电路是(　　　)。

A.A/D 转换器　　　B.D/A 转换器　　　C.数字编码器　　　D.数字解码器

2.2 操作系统的功能和使用

2.2.1 操作系统概述

▶考点1:操作系统的概念、功能、特征与分类

1.操作系统的概念和功能

操作系统(Operating System,OS)是管理和控制计算机硬件与软件资源的计算机程序,是直接运行在"裸机"上的最基本、最核心的系统软件,其他软件都必须在操作系统的支持下才能运行。

操作系统是用户和计算机之间的接口,为用户提供良好的人机交互界面。其具体管理功能分为处理机(CPU)管理、存储管理、文件管理、设备管理和作业管理。

2.进程和线程

进程:具有一定独立功能的程序关于某个数据集合上的一次运行活动。进程是系统进行资源分配和调度的一个独立单位,简单来说,进程就是一段程序的执行过程。

线程:进程的一个实体,是 CPU 调度和分派的基本单位,它是比进程更小的能独立运行的基本单位。线程基本上不拥有系统资源,只拥有一点在运行中必不可少的资源(如程序计数器、一组寄存器和栈),但是它可与同属一个进程的其他线程共享进程所拥有的全部资源。

3.操作系统的特征

操作系统具有以下 4 个基本特征。

(1)并发

并行性与并发性这两个概念既相似又有区别。并行性是指两个或者多个事件在同一时刻发生,这是一个具有微观意义的概念,即在物理上这些事件是同时发生的;而并发性是指两个或者多个事件在同一时间的间隔内发生,它是一个较为宏观的概念。在多道程序运行环境下,并发性是指在一段时间内有多道程序在同时运行,但在单处理机的系统中,每一时刻仅能执行一道程序,故微观上这些程序是在交替执行的。

(2)共享

共享是指系统中的资源可供内存中多个并发执行的进程共同使用。由于资源的属性不同,故多个进程对资源的共享方式也不同,可以分为互斥共享方式和同时访问方式。

(3)虚拟

虚拟是指通过技术把一个物理实体变成若干个逻辑上的对应物。在操作系统中虚拟的实现主要是通过分时的方法。

(4)异步

在多道程序设计环境下,允许多个进程并发执行,由于资源等因素的限制,通常,进程

的执行并非"一气呵成",而是以"走走停停"的方式运行。内存中每个进程在何时执行,何时暂停,以怎样的方式向前推进,每道程序总共需要多少时间才能完成,都是不可预知的。

4.操作系统的分类

(1)批处理操作系统

批处理操作系统的工作方式是用户将作业交给系统操作员,系统操作员将许多用户的作业组成一批作业,之后输入到计算机中,在系统中形成一个自动转接的连续的作业流,系统自动、依次执行每个作业。最后由系统操作员将作业结果交给用户。

(2)分时操作系统

分时操作系统的工作方式是一台主机连接了若干个终端,每个终端有一个用户在使用。用户交互式地向系统提出命令请求,系统接受每个用户的命令,采用时间片轮转方式处理服务请求,并通过交互方式在终端上向用户显示结果。用户根据上步结果发出下道命令。分时操作系统将 CPU 的时间划分成若干个片段,称为时间片。操作系统以时间片为单位,轮流为每个终端用户服务。每个用户轮流使用一个时间片而使每个用户并不感到有别的用户存在。

(3)实时操作系统

实时操作系统是指使计算机能及时响应外部事件的请求,在规定的严格时间内完成对该事件的处理,并控制所有实时设备和实时任务协调一致地工作的操作系统。

(4)网络操作系统

网络操作系统是基于计算机网络的,是在各种计算机操作系统上按网络体系结构及协议开发的软件,包括网络管理、通信、安全防护、资源共享和各种网络应用。

(5)分布式操作系统

分布式操作系统是为分布式计算系统配置的操作系统。大量的计算机通过网络连接在一起,可以获得极高的运算能力及广泛的数据共享,这种系统被称为分布式系统(Distributed System)。

▶考点2:常见的操作系统

● DOS(Disk Operating System):即磁盘操作系统,是微软公司开发的早期微机使用最广泛的一种单用户单任务操作系统,主要是用输入字符命令的方式来完成操作。

● Windows:即"视窗"操作系统,是微软公司开发的一个多任务的操作系统,采用图形界面来完成操作。

● UNIX:由贝尔实验室开发的一个多用户多任务的分时操作系统。

● Linux:一套免费使用、自由传播的类 UNIX 操作系统,是一个基于 POSIX 和 UNIX 的多用户、多任务、支持多线程和多 CPU 的操作系统。

2.2.2　Windows 7 操作系统初步使用

▶**考点**1:Windows 7 的特点、启动、注销与退出

1. Windows 7 的特点

（1）更加安全

Windows 7 改进了安全和功能的合法性,还把数据保护和管理扩展到外围设备。Windows 7 改进了基于角色的计算方案和用户账户管理,在数据保护和兼顾协作的固有冲突之间搭建沟通桥梁,同时开启企业级数据保护和权限许可。

（2）更加简单

搜索和使用信息更加简单,包括本地、网络和互联网搜索功能。直观的用户体验将更加高级,还整合了自动化应用程序提交和交叉程序数据透明性。

（3）更好的连接

进一步增强移动工作能力,无论何时、何地、任何设备都能访问数据和应用程序,开启特别协作体验,无线连接、管理和安全功能将得到扩展。性能以及新兴移动硬件将得到优化,多设备同步、管理和数据保护功能将被拓展。

（4）更低的成本

帮助企业优化桌面基础设施,具有无缝操作系统、应用程序和数据移植功能,简化 PC 供应和升级,进一步完善完整的应用程序更新和补丁的提供。

2. Windows 7 的启动、注销与退出

（1）启动 Windows 7

在一台安装了 Windows 7 并且没有任何故障的计算机上启动 Windows 7 操作系统很简单,只需要打开主机箱面板上的电源开关就可以进入 Windows 7 操作系统的登录界面,用户根据自己的实际情况输入用户名和密码以不同的模式进入 Windows 7 的桌面,至此整个启动过程就完成了。

（2）注销 Windows 7

为了方便用户快速登录计算机,Windows 7 提供了注销的功能,用户不必重新启动计算机就可以实现不同用户的登录。注销将保存当前用户的设置,并将其关闭。注销 Windows 7 操作系统可选择以下两种方法。

方法1:单击"开始"菜单,然后单击"关机"按钮旁的箭头,在出现的快捷菜单中选择"注销"命令,如图 2.2.1 所示。

方法2:按快捷键"Ctrl + Alt + Delete",会出现如图 2.2.2 所示的界面,单击"注销"链接即可。

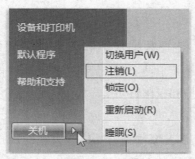

图 2.2.1　注销 Windows 7　　　　图 2.2.2　注销 Windows 7

（3）退出 Windows 7（关闭计算机）

用户要退出 Windows 7 可选择关机,这样不仅节能,而且还能更好地保护计算机中的数据。

关闭计算机的方法:单击"开始"按钮,在弹出的"开始"菜单中单击"关机"按钮,计算机将关闭所有打开的程序以及 Windows 本身。关机不会保存正在编辑的文件,所以用户必须事先保存好自己的文件。

▶考点 2:Windows 7 的主界面

1. 桌面

桌面是打开计算机并登录到 Windows 7 之后看到的主屏幕区域。桌面上通常会有一些图标,图标是代表文件、文件夹、程序和其他项目的小图片。

2. 任务栏

任务栏是位于屏幕底部的水平长条。通过任务栏可以便捷地管理、切换和执行各类应用。任务栏从左向右依次是"开始"按钮、快速启动区、任务显示区、输入法区、通知区和"显示桌面"按钮,如图 2.2.3 所示。

图 2.2.3　任务栏

▶考点3：Windows 7 的窗口组成及其基本操作

1. 窗口的组成

在 Windows 7 中，窗口具有导航的作用，它可以帮助用户轻松地使用文件、文件夹和库。典型的 Windows 7 窗口主要由菜单栏、地址栏、工具栏等若干部分组成，如图2.2.4所示。

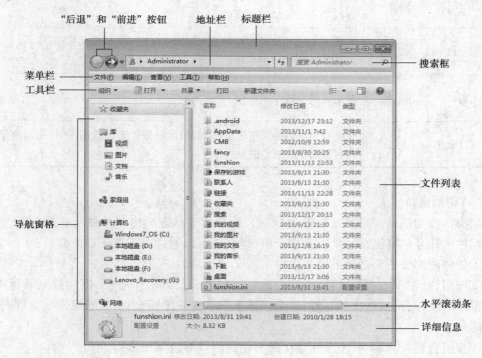

图2.2.4　窗口的组成

2. 窗口的操作

在 Windows 7 中，可以同时打开多个窗口，窗口始终显示在桌面上。窗口的基本操作包括移动窗口、使用滚动条、调整窗口大小、最大化/还原窗口、最小化窗口、关闭窗口等。

（1）移动窗口

将鼠标指针移到窗口的标题栏上，按住鼠标左键并拖动窗口到桌面上的目的位置。

（2）更改窗口大小

单击标题栏右侧的最小化、最大化/还原、关闭按钮，可以快速地完成窗口的大小调节、隐藏窗口等操作。更改窗口大小的操作方法见表2.2.1。

表 2.2.1　更改窗口大小的操作方法

类　型	按　钮	操作方法
最小化窗口		单击最小化按钮可将窗口隐藏(即最小化)。窗口最小化后,仍然处于打开状态,并在任务栏上显示为相应的图标按钮。如果要使最小化的窗口重新显示在桌面上,可单击任务栏上相应的图标按钮
最大化窗口		方法 1:单击最大化按钮可使窗口填满整个屏幕; 方法 2:双击窗口的标题栏
还原窗口		方法 1:单击还原按钮可将最大化的窗口还原为以前的大小; 方法 2:双击窗口的标题栏
关闭窗口		单击关闭按钮
调整窗口大小	无	鼠标指向窗口的任意边框或角,当鼠标指针变成双箭头时,拖动边框或角可以缩小或放大窗口

(3)切换窗口

把窗口变为活动窗口的过程称为激活。处于活动状态的窗口总显示在最前面,并且其标题栏和任务栏高亮显示。打开多个窗口后,还可以通过以下方法切换窗口:

①任何时刻在所要激活的窗口内单击。

②按组合键"Alt + Tab"切换窗口。此时屏幕上会打开一个小框,框中排列着所有已打开窗口的图标,每按一次 Tab 键,就会选择下一个窗口图标,当窗口图标带有边框时,即为激活状态。

③按组合键"Alt + Esc"进行切换(最小化的窗口不包括在内)。

(4)排列窗口

排列窗口有自动排列窗口和使用"对齐"方式排列窗口两种方式。

①自动排列窗口。自动排列窗口分为层叠显示、堆叠显示、并排显示 3 种方式。操作方法是先打开一些窗口→右键单击任务栏的空白区域→在弹出的快捷菜单中分别选择"层叠窗口""堆叠显示窗口"或"并排显示窗口"命令即可。

②使用"对齐"方式排列窗口。这种方法可在移动的同时自动调整窗口的大小,或将这些窗口与屏幕的边缘"对齐"。操作方法是将窗口的标题栏拖动到屏幕的左侧或右侧,直到出现已展开窗口的轮廓,释放鼠标即可将窗口扩展为屏幕大小的一半;将窗口的标题栏拖动到屏幕的顶部,直到出现已展开窗口的轮廓,释放鼠标即可将窗口扩展为全屏显示;将窗口的上边缘或下边缘拖动到屏幕的顶部或底部,可使窗口扩展至整个桌面的高度,但窗口的宽度不变。

▶**考点4：库及其基本操作**

　　Windows 资源管理器中的库是 Windows 7 的一项新功能。它是浏览、组织、管理和搜索具备共同特性的文件的一种方式。库最大的优势是可以有效地组织、管理位于不同分区的文件夹中的文件，而无须从其存储位置移动这些文件。库不仅不需要用户将分散于不同位置、不同分区，甚至是家庭网络中的不同计算机中的文件复制到同一个文件夹中，而且还可以帮助用户避免保存同一个文件的多个副本。

　　Windows 7 提供了 4 个默认库：视频、图片、文档和音乐，如图 2.2.5 所示。

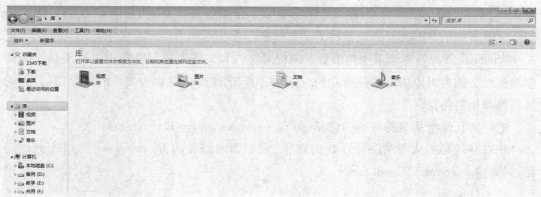

图 2.2.5　Windows 7 中默认的 4 个库

　　视频：用于组织和排列视频，如来自数码相机、摄像机拍摄的或者从 Internet 下载的视频文件。

　　图片：用于组织和排列数字图片，如从数码相机、扫描仪或者其他应用程序中创建的图片。

　　文档：用于组织和排列字处理文档、电子表格、演示文稿以及其他与文本有关的文件。

　　音乐：用于组织和排列数字音乐，如从音频 CD 翻录或从 Internet 下载的歌曲。

　　在默认情况下，移动、复制或保存到"视频""图片""文档"和"音乐"4 个库中的文件都分别存储在"我的视频""我的图片""我的文档""我的音乐"文件夹中。

2.2.3　文件与文件夹管理

▶**考点1：文件与文件系统**

　　1. 文件

　　文件是操作系统存取磁盘信息的基本单位，文件中可以存放文本、数值、图像或音乐等信息，是磁盘上存储信息的一个集合。每个文件都有一个唯一的名字，操作系统正是通过文件的名字对文件进行管理。文件可以是一个应用程序，也可以是由一段文字组成的文本文档等。

2. 文件夹

操作系统中的文件管理是采用按名存取的管理方式。它为每一个存储设备创建了一个文件列表,称为目录。表中包括了诸如文件名、文件扩展名等信息,每个存储设备上的主目录称为根目录,为了更好地组织文件,通常将目录又分成更小的列表,称为子目录或子文件夹,以此类推。

文件夹是可以在其中存储文件的容器。文件夹主要用于存放、整理和归纳各种不同类型的文件以及组织和管理设备文件。例如,所有已安装的打印机和传真机,其文件都存放在"设备和打印机"文件夹中。文件夹中除了存储各类文件外,还可以存储其他文件夹。文件夹中包含的文件夹通常称为子文件夹。

Windows 资源管理器采用树形目录结构对文件和文件夹进行管理。由树形目录结构中的各级文件夹可以指定文件所在的位置,被指定的这个位置称为文件的路径,其分为绝对路径和相对路径。

绝对路径是指从盘符开始的路径,如 C:\windows\system32\cmd.exe。

相对路径是指从当前路径开始的路径,假如当前路径为 C:\windows 要描述上述路径,只需输入 system32\cmd.exe。

3. 命名规则

文件(文件夹)的名称包括文件名和扩展名两部分。文件名可使用英文或汉字,扩展名表示这个文件的性质。命名要通俗易懂,即通常所说的"见名知意",同时必须遵守以下规则:

①在 Windows 7 中,文件(文件夹)名最多使用 255 个英文字符或 127 个汉字。

②文件(文件夹)名的开头字符不能使用空格。

③不能含有以下符号:斜线(\或/)、竖线(|)、小于号(<)、大于号(>)、冒号(:)、引号(")、问号(?)、星号(*)。

④用户在文件(文件夹)名中可以指定文件名的英文大小写格式,但是不能利用大小写字母来区别文件名。例如,MyDocument.docx 和 mydocument.docx 被认为是同一个文件名。

⑤同一文件夹下不能有两个及两个以上相同的文件(文件夹)名。

4. 通配符

在 Windows 7 中搜索文件时,可以在文件名中使用通配符。通配符主要有两种:*和?。它们的功能见表2.2.2。

表2.2.2 通配符的功能

通配符	含 义	举 例
?	表示任意一个有效字符	"？1.ppt"表示第 2 个字符为 1 的所有 PPT 文件
*	表示任意一个有效字符	"＊.doc"表示所有的 Word 文档;"a＊.bmp"表示以字母 a 开头的 bmp(位图)文件;"＊.＊"表示所有文件

5. 文件类型

文件的扩展名用来表示文件的类型。在计算机中,文件用图标表示,不同类型的文件在 Windows 7 中对应不同的文件图标,见表2.2.3。

表2.2.3 文件类型与图标和扩展名的对应关系

图 标	文件类型	扩展名
	浏览器文件	htm
	压缩文件	rar
	可执行文件	exe
	文本文件	txt
	图像文件	jpg
	字体文件	ttf

程序文件:由可执行的代码组成,在 Windows 7 中,以 com、exe 和 bat 为扩展名。其中,扩展名为 bat 的程序文件是批处理文件。

文本文件:一般情况下扩展名为 txt。值得注意的是,有的文件虽然不是文本文件,但是可以用文本编辑器进行编辑。

图像文件:有各种不同的扩展名,比较常见的有 bmp、jpg 和 gif 等。Windows 7 中的画图应用程序创建的图像文件是位图文件,扩展名是 bmp。

字体文件:Windows 7 中有各种不同的文体,其文件存放在 Windows 7 文件夹下的 FONTS 文件夹中,如 ttf 表示 True Type 字体文件,fon 则表示位图字体文件。

综上所述,可以发现文件的扩展名可以帮助用户识别文件的类型。用户在创建应用程序和存放数据时,可以根据文件的内容给文件加上适当的扩展名,以帮助用户识别和管理文件。

值得注意的是,大多数文件在保存时,应用程序都会自动给文件加上默认的扩展名。当然,用户也可以指定文件的扩展名。为了帮助用户更好地辨认文件的类型,表2.2.4中列出了一些常用的文件扩展名。

表2.2.4　Windows 7 中常用的文件扩展名

扩展名	文件类型	扩展名	文件类型
avi	视频文件	jpg	图片文件
bmp	位图文件	mdb	Access 数据库文件
doc(x)	Word 字处理文件	wav	音频文件
xls(x)	Excel 电子表格文件	ppt(x)	PowerPoint 演示文稿文件

▶考点2:文件与文件夹的创建

1. 文件夹的创建

在 Windows 7 中,经常需要新建文件夹。文件夹的创建方式有两种:一种是利用"文件"菜单中的"新建"命令;另一种是利用鼠标右键快捷菜单中的"新建"命令。

【经典习题1】在 D 盘根文件夹下新建一个文件夹,名称为"练习"。

【解析】方法1:双击"计算机"→双击打开 D 盘→选择"文件"菜单→选择"新建"命令→选择"文件夹"选项→输入文件夹的名称"练习"。

方法2:双击"计算机"→双击打开 D 盘→在窗口空白处右击→选择"新建"命令→选择"文件夹"选项→输入文件夹的名称"练习"。

2. 文件的创建

在 Windows 7 中,经常需要新建文件。文件的创建方式有两种:一种是利用"文件"菜单中的"新建"命令;另一种是利用鼠标右键快捷菜单中的"新建"命令。

【经典习题2】在 D 盘"练习"文件夹下新建一个文件,名称为"kslx. docx"。

【解析】操作步骤如图2.2.6所示。

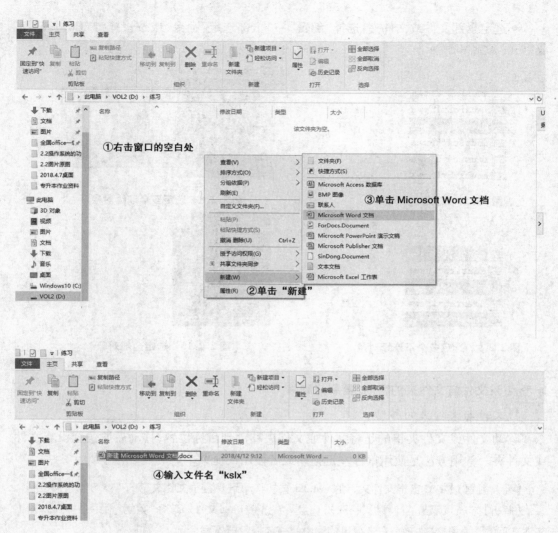

图 2.2.6 文件的创建方法

3. 对象的选定

在 Windows 7 中,对文件或文件夹进行操作之前,必须先选定文件或文件夹,称为"先选后作"原则。选定的文件或文件夹的名字显示为深色加亮。

• 选定单个文件或文件夹:单击目标文件或文件夹,如图 2.2.7 所示。

• 选定多个连续的文件或文件夹:单击要选定的第一个文件或文件夹,按住 Shift 键,单击最后一个文件或文件夹即可,也可以拖动鼠标进行框选,如图 2.2.8 所示。

• 选择多个非连续的文件或文件夹:按住 Ctrl 键,单击选择每一个文件或文件夹,如图 2.2.9 所示。

● 选定全部文件或文件夹：选择"编辑"→"全部选定"命令，或按快捷键"Ctrl + A"完成，如图 2.2.10 所示。

图 2.2.7　选定单个对象

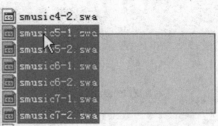

图 2.2.8　选定多个连续对象

图 2.2.9　选定多个不连续对象

图 2.2.10　选定全部对象

▶考点 3：文件与文件夹的移动、复制与删除

1. 文件与文件夹的移动

移动文件或文件夹指的是将文件或文件夹移动到目标位置，移动后原位置没有文件或文件夹。常用方法是使用鼠标左键拖动或者使用快捷菜单。

【经典习题 1】将 C 盘根文件夹下的 test. txt 文件移动到 D 盘根文件夹下的"练习"文件夹中。

【解析】方法 1：双击"计算机"→双击 C 盘→右击 test. txt 文件→选择"剪切"命令→打开 D 盘根文件夹下的"练习"文件夹→右击窗口的空白处→选择"粘贴"命令。

方法 2：双击"计算机"→双击 C 盘→单击 test. txt 文件→按快捷键"Ctrl + X"→打开 D 盘根文件夹下的"练习"文件夹→按快捷键"Ctrl + V"。

2. 文件与文件夹的复制

复制文件或文件夹指的是将文件或文件夹复制到目标位置，复制后原位置保留有文件或文件夹。常用方法是使用鼠标左键拖动或者使用快捷菜单。

【经典习题 2】将 C 盘根文件夹下的 test2. txt 文件复制到 D 盘根文件夹下的"练习"文件夹中。

【解析】方法 1：双击"计算机"→双击 C 盘→右击 test2. txt 文件→选择"复制"命令→打开 D 盘根文件夹下的"练习"文件夹→右击窗口的空白处→选择"粘贴"命令。

方法 2：双击"计算机"→双击 C 盘→单击 test2. txt 文件→按快捷键"Ctrl + C"→打开 D 盘根文件夹下的"练习"文件夹→按快捷键"Ctrl + V"。

3. 文件与文件夹的删除

文件或文件夹的删除分为可恢复删除(删除到回收站)和不可恢复删除(永久删除)。常用方法是使用"文件"菜单的"删除"命令或者使用右键快捷菜单,也可直接按 Delete 键(永久删除按快捷键"Shift + Delete")。

【经典习题3】将 D 盘根文件夹下"练习"文件夹中的 test. txt 文件删除。

【解析】方法 1:双击"计算机"→双击 D 盘→右击 test. txt 文件→选择"删除"命令→单击"是"按钮。

方法 2:双击"计算机"→双击 D 盘→单击 test. txt 文件→按 Delete 键。

方法 3:双击"计算机"→双击 D 盘→选中 test. txt 文件,按住鼠标左键拖入回收站→单击"是"按钮。

▶考点 4:文件与文件夹的重命名与属性设置

1. 文件与文件夹的重命名

在 Windows 7 中,经常需要对文件或文件夹进行重命名操作。常用方法是利用"文件"菜单下的"重命名"命令或者利用右键快捷菜单,也可按 F2 键或者双击文件或文件夹名进行重命名操作。值得注意的是文件为打开状态时不能对文件进行重命名操作。

【经典习题1】将 D 盘根文件夹下的 test2. txt 文件重命名为 exam. txt。

【解析】方法 1:双击"计算机"→双击 D 盘→右击 test. txt 文件→选择"重命名"命令→输入"exam. txt"。

方法 2:双击"计算机"→双击 D 盘→单击 test. txt 文件→按 F2 键→输入"exam. txt"。

2. 文件与文件夹的属性设置

文件或文件夹的属性记录了文件或文件夹的详细信息。广义上的文件属性主要包括常规信息,如对象名称、对象类型、打开方式、对象位置、对象大小、创建时间、修改时间、访问时间、作者姓名、标记等。狭义的文件属性一般包括只读、隐藏、存档等。在 Windows 中一般通过右击文件或文件夹,在快捷菜单中选择"属性"命令来查看、设置文件或文件夹的属性。

【经典习题2】将 D 盘根文件夹下的 exam. txt 文件设置为只读属性。

【解析】双击"计算机"→双击 D 盘→右击 exam. txt 文件→选择"属性"命令→在对话框中勾选"只读"→单击"确定"按钮。

【经典习题3】将 D 盘根文件夹下的 test. docx 文件设置为存档和隐藏属性。

【解析】双击"计算机"→双击 D 盘→右击 test. txt 文件→选择"属性"命令→在对话框中勾选"隐藏"→单击"高级"按钮→勾选"可以存档文件"→单击"确定"按钮→单击"确定"按钮。操作步骤如图 2.2.11 所示。

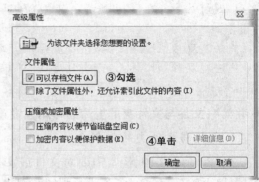

图 2.2.11　文件的属性设置

▶**考点 5：文件与文件夹的查找与快捷方式创建**

　1.文件与文件夹的查找

　　在 Windows 7 中，对于使用的文件不知道它所在的位置时，可以利用查找功能进行搜索。搜索时可在文件名中使用通配符。

　　【经典习题 1】将 D 盘根文件夹中所有扩展名为 .txt 的文件查找出来。

　　【解析】双击"计算机"→双击 D 盘→在搜索栏中输入"*.txt"→单击"搜索"图标 🔍 。

　　【经典习题 2】将计算机中所有主文件名的第 3 个字符为 C，扩展名为 .txt 的文件查找出来。

　　【解析】双击"计算机"→在搜索栏中输入"??c*.txt"→单击"搜索"图标。

　2.快捷方式的创建

　　在 Windows 7 中，可以为文件创建快捷方式。

　　【经典习题 3】为 D 盘根文件夹下的 exam.txt 文件创建快捷方式，并将快捷方式改名为"newexam.txt"，将快捷方式移动到 D 盘根文件夹中。

　　【解析】双击"计算机"→双击 D 盘→右击 exam.txt 文件→选择"创建快捷方式"命令→输入"newexam.txt"→单击"确定"按钮→右击快捷方式→选择"剪切"命令→回到 D 盘根文件夹窗口→右击窗口空白处→选择"粘贴"命令。

2.2.4　控制面板常用功能介绍

▶**考点 1：用户账户管理**

　　为计算机创建一个名为"user1"的标准账户并设置密码，其操作步骤如下：

①单击"开始"菜单→选择"控制面板"命令,打开"控制面板"窗口(查看方式为"类别")→单击"添加或删除用户账户"选项,打开如图2.2.12所示的对话框。

图2.2.12 "管理账户"窗口

②单击窗口下方的"创建一个新账户"链接,打开如图2.2.13所示的窗口。

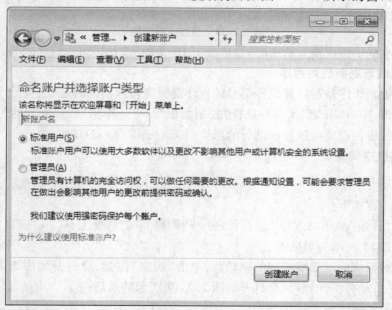

图2.2.13 "创建新账户"窗口

③键入新账户名"user1"后,单击"创建账户"按钮,返回"管理账户"窗口。

④单击user1账户,在打开的窗口中单击"创建密码"按钮,打开如图2.2.14所示的窗口。

图 2.2.14　设置账户密码

⑤在文本框中两次输入新密码后,单击"创建密码"按钮即可。

▶考点 2:卸载与更新应用程序

卸载或更新程序是对计算机各部分的程序进行完善或修改的过程。

操作步骤:单击"开始"菜单→选择"控制面板"命令→单击"程序和功能"→右击需要卸载的应用程序→选定对该程序进行的操作(卸载/更改/修复)即可。

▶考点 3:磁盘空间管理

1.磁盘清理

其操作步骤如下:

①单击"开始"菜单→选择"所有程序"→"附件"→"系统工具"→"磁盘清理"命令,打开如图 2.2.15 所示的对话框。

②在该对话框中选择要清理的驱动器,单击"确定"按钮,会打开如图 2.2.16 所示的对话框,系统自动分析计算后,会打开如图 2.2.17 所示的对话框。

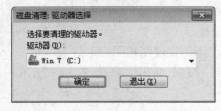

图 2.2.15　选择要清理的驱动器

图 2.2.16　正在计算要释放的空间

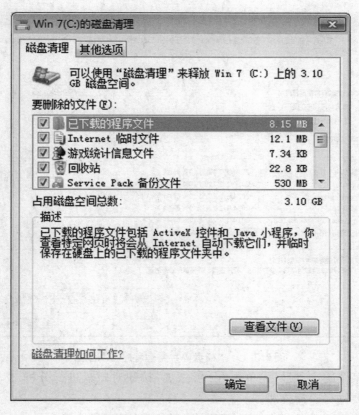

图 2.2.17 "磁盘清理"对话框

③选择要删除的文件,单击"确定"按钮会打开确认对话框,然后单击"删除文件"按钮即开始清理磁盘,如图 2.2.18 所示。

图 2.2.18 正在清理磁盘

2.磁盘磁片整理

其操作步骤如下:

①在 Windows 资源管理器窗口中,右击 C 盘的图标,在弹出的快捷菜单中选择"属性"命令,打开"属性"对话框。

②选择"工具"选项卡,单击"立即进行碎片整理"按钮,打开"磁盘碎片整理程序"对话框,如图 2.2.19 所示。

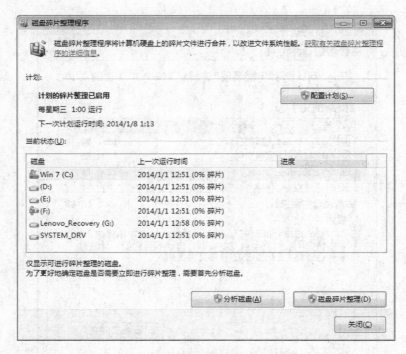

图 2.2.19 "磁盘碎片整理程序"对话框

③要整理某个磁盘,最好先单击"分析磁盘"按钮对磁盘进行分析,然后根据分析结果确定是否需要进行碎片整理。

④如果需要进行磁盘碎片整理,则单击"磁盘碎片整理"按钮。

▶考点4:输入法的安装、删除与选用

1. 添加输入法

在计算机中可以安装本机附带的一些输入方法,操作步骤如下:单击"开始"菜单→选择"控制面板"命令→单击"区域和语言"→单击"键盘和语言"→单击"更改键盘"按钮→单击"添加"按钮→选择需要添加的输入法→单击"确定"按钮。

2. 删除输入法

对于计算机中已经安装的输入法,如果不再需要使用,也可以删除,操作步骤如下:单击"开始"菜单→选择"控制面板"命令→单击"区域和语言"→单击"键盘和语言"→单击"更改键盘"按钮→在"已安装的服务"列表框中选择需要删除的输入法→单击"删除"按钮→单击"确定"按钮。

3. 选用输入法

可以根据不同的情况选择所需的输入法,通常情况下按快捷键"Ctrl + Shift"可实现计算机中已经安装的所有输入法之间逐个切换;按快捷键"Ctrl + 空格"可实现中文输入法和英文输入法之间的切换;按快捷键"Shift + 空格"可实现全角和半角之间的切换;按快捷键"Ctrl + 句号"可实现中文标点和英文标点之间的切换。

操作演示

2.2.5　同步训练

1. 在"2.2 练习"文件夹下新建一个文件夹,名称为"LIANXI"。

2. 在"2.2 练习"文件夹下的"FONG"文件夹中新建一个文件"KS. xlsx"。

3. 将"2.2 练习"文件夹下"CAI"文件夹中的"APPLE. pptx"文件移动到"2.2 练习"文件夹下的"ZHAO"文件夹中,并将文件名改为"APP. pptx"。

4. 将"2.2 练习"文件夹下"SHEN"文件夹中的"LING. txt"文件复制到"2.2 练习"文件夹下的"CHEN"文件夹中,并将文件名改为"LOVER. DOC"。

5. 将"2.2 练习"文件夹下 "WANG"文件夹中的"CHUN. obj"文件删除。

6. 为"2.2 练习"文件夹下"YANG"文件夹中的"AI. txt"文件创建快捷方式,并把快捷方式移动到"2.2 练习"文件夹中,重命名为"CHI. txt"。

7. 将"2.2 练习"文件夹下"HUANG"文件夹中的 "DAO. docx"文件设置为只读和隐藏属性,同时撤销"2.2 练习"文件夹下"HUANG"文件夹中"LIAN. docx"文件的隐藏属性。

8. 将"2.2 练习"文件夹下主名第 2 个字符为"S"的所有文本文件查找出来并删除。

2.3　文字处理软件 Word 2016 的功能和使用

2.3.1　Word 2016 的基本操作

▶**考点 1：Word 2016 的基本功能、启动与退出**

1. Word 2016 的基本功能

（1）编排文档

用户用 Word 可以编辑文字、图形、图像、数学公式等信息,满足其各种文档处理需求。

（2）强大的制表功能

Word 提供了强大的制表功能,不仅可以自动制表,也可以实现手动制表,还能够对表格的外观进行修饰。

（3）自动纠错和检查功能

Word 提供了拼写和语法检查功能,如果发现语法错误或拼写错误,可以提供修改建议,提高了英文文档编辑的正确率。

（4）模板与向导功能

Word 提供了大量且丰富的模板,使用户在编辑某一类文档时,能很快建立相应的格式,而且 Word 允许用户自己定义模板,为满足用户的个性化需求提供了高效、快捷的解决方案。

（5）Web 工具支持

Word 提供了对 Web 的支持,用户根据 Web 页向导,可以快捷、方便地制作出 Web 页

（通常称为网页），同时还可以浏览已有 Web 文档的内容。

（6）超强兼容性以及打印功能

Word 支持打开多种格式的文档，也可以将 Word 编辑的文档以其他格式保存，这为 Word 和其他软件的信息交换提供了极大的方便。Word 提供了打印预览功能，并且能够对打印机的各项参数进行设置。

2. 启动 Word 2016

方法 1：选择"开始"菜单→"所有程序"→"Microsoft Office 2016"→"Microsoft Word 2016"命令。

方法 2：双击桌面上的 Word 快捷方式图标 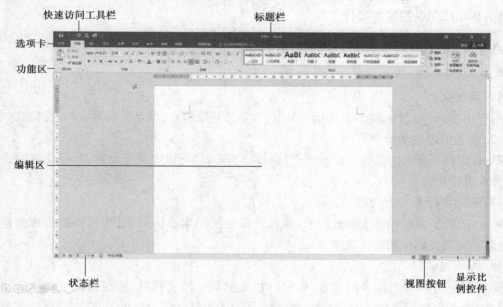。

3. 退出 Word 2016

方法 1：单击 Word 窗口标题栏右侧的"关闭"按钮。

方法 2：选择 "文件"菜单下的"退出"命令。

方法 3：按快捷键"Alt + F4"。

▶考点 2：Word 2016 窗口及其组成

1. Word 2016 窗口

启动 Word 2016 后，即可打开 Word 应用程序窗口，如图 2.3.1 所示。Word 应用程序窗口由上到下依次由标题栏、选项卡、功能区、编辑区、状态栏等组成。

图 2.3.1　Word 应用程序窗口

2. 选项卡

(1)"开始"选项卡

"开始"选项卡中包括剪贴板、字体、段落、样式和编辑 5 个组。该选项卡主要用于帮助用户对 Word 2016 文档进行文字编辑和格式设置,其中包含用户最常用的一些功能,如图 2.3.2 所示。

图 2.3.2　"开始"选项卡

(2)"插入"选项卡

"插入"选项卡中包括页面、表格、插图、加载项、媒体、链接、批注、页眉和页脚、文本、符号 10 个组,主要用于在 Word 2016 文档中插入各种元素,如图 2.3.3 所示。

图 2.3.3　"插入"选项卡

(3)"设计"选项卡

"设计"选项卡中包括文档格式和页面背景 2 个组,用于帮助用户设置 Word 2016 文档的页面样式,如图 2.3.4 所示。

图 2.3.4　"设计"选项卡

(4)"布局"选项卡

"布局"选项卡中包括页面设置、稿纸、段落和排列 4 个组,用于帮助用户设置 Word 2016 文档的页面样式,如图 2.3.5 所示。

图 2.3.5　"布局"选项卡

(5)"引用"选项卡

"引用"选项卡中包括目录、脚注、引文与书目、题注、索引和引文目录 6 个组,用于实现在 Word 2016 文档中插入目录等比较高级的功能,如图 2.3.6 所示。

图 2.3.6 "引用"选项卡

（6）"邮件"选项卡

"邮件"选项卡中包括创建、开始邮件合并、编写和插入域、预览结果和完成 5 个组,专门用于在 Word 2016 文档中进行邮件合并方面的操作,如图 2.3.7 所示。

图 2.3.7 "邮件"选项卡

（7）"审阅"选项卡

"审阅"选项卡中包括校对、见解、语言、中文简繁转换、批注、修订、更改、比较和保护 9 个组,主要用于完成对 Word 2016 文档进行校对和修订等操作,如图 2.3.8 所示。

图 2.3.8 "审阅"选项卡

（8）"视图"选项卡

"视图"选项卡中包括视图、显示、显示比例、窗口、宏和 SharePoint 6 个组,主要用于设置 Word 2016 窗口的视图类型,如图 2.3.9 所示。

图 2.3.9 "视图"选项卡

提示:该考点为 Word 的基本概念,不会直接出题考查。考生熟练掌握后有助于理解本章后面的操作讲解,提高文档题的答题效率。

▶考点 3:Word 2016 文档的创建、保存与保护

1.新建空白文档

启动 Word 2016 程序,打开 Word 2016 窗口,单击建立一个空白文档,默认名为"文档 1"。

若要在打开的 Word 2016 窗口中新建空白文档,有以下两种方法:

方法 1:单击"快速访问工具栏"的下拉菜单中的"新建"按钮。

方法 2:选择"文件"菜单下的"新建"命令→单击"可用模板"下的"空白文档"→单击"创建"按钮。

2. 保存文档

文档保存的方法有以下 3 种:

方法 1:单击"快速访问工具栏"的"保存"按钮。

方法 2:选择"文件"菜单下的"保存"命令。

方法 3:按快捷键"Ctrl + S"。

如果是第一次保存文档,会自动切换至"另存为"界面,单击浏览,打开"另存为"对话框,如图 2.3.10 所示,用户可以设置保存位置、文件名、保存类型等信息。

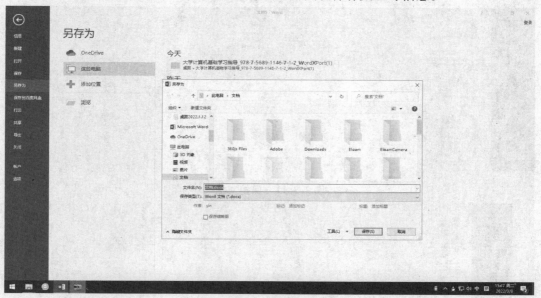

图 2.3.10 "另存为"对话框

如果是针对已有文件修改后进行的保存操作,则按原文件名保存。如已有文档保存时要改变保存设置,则选择"文件"菜单→"另存为"命令,这时将打开"另存为"对话框,可以对文件进行更名、变更文件存储位置、变更文件类型等操作。

3. 保护文档

在使用文档时,为了防止其他人使用自己的文档,可以对文档进行加密。选择"文件"菜单下的"信息"命令,在右侧窗口中单击"保护文档"下拉按钮,选择"用密码进行加密"选项,然后在弹出的对话框中设置密码即可,操作步骤如图 2.3.11 所示。

▶考点 4:Word 2016 文档的打印

选择"文件"菜单下的"打印"命令,会出现打印设置页面。在打印设置页面右边是打印预览区域,打印之前可以预先浏览文档的打印效果,若有疏漏可以及时修改。在打印设置页面左边是打印设置选项区,如图2.3.12所示。用户可以根据需要设置各种打印参数。以下是打印参数的设置说明:

- "打印"项:可设置打印的份数。
- "打印机"项:可选择已安装的打印机。
- "设置"选项组:可设置打印的页数、纸张方向、纸张大小、页边距等。

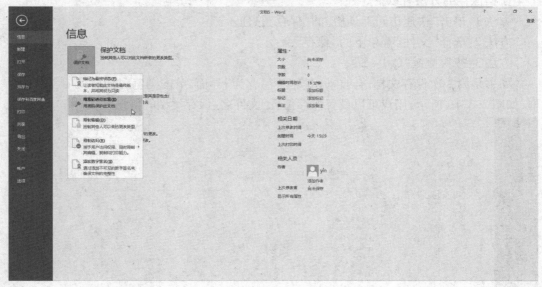

图 2.3.11　保护文档

图 2.3.12　打印设置

2.3.2 Word 2016 文档的编辑排版

▶**考点1：文本基本编辑**

1.文字输入

在文档编辑区里有一个不停闪烁的短竖线,称为插入点或光标。在输入文字内容时,插入点会自动向后移动。

2.符号输入

标点符号可以从键盘输入,也可以单击"插入"选项卡下"符号"组中的"符号"按钮,选择常用的符号,如图2.3.13所示。若要在文字中输入特殊符号,如版权符号、商标符号、段落符号等,可以选择"其他符号"选项,打开如图2.3.14所示的"符号"对话框,从中可以选择更多的符号。

图2.3.13 "符号"按钮　　　　**图2.3.14 "符号"对话框**

3.换行

（1）自动换行

在文档里输入文字时,文字到达右缩进位置时,Word 2016会自动换行,并默认首尾字符规则,使后置标点位于行尾。

（2）强制换行

在文档里输入文字时,用户也可以根据需要强制换行,有如下两种方法：

方法1：硬回车。文档的自然段结束时需要强制换行,将插入点定位在需要换行的地方,按Enter键,即在插入点处插入硬回车符号(也称段落标记),表示当前自然段结束,同时插入点自动移到下一行行首。

方法2：软回车,也称手动换行。将插入点定位在需要换行的地方,按快捷键"Shift +

Enter",即在插入点处插入软回车符号(也称换行标记),表示当前行结束,同时会在当前行下面自动添加一行,插入点自动移到下一行行首。

硬回车和软回车的区别:硬回车是将文字分成不同的自然段;软回车是单纯的换行操作,软回车符前后的文字仍为同一个自然段。

4. 插入点定位

将插入点确定在文档中的某个位置称为插入点定位。插入点定位可以使用键盘或鼠标实现。

(1)鼠标定位

在文档内容区域中需要定位的地方单击鼠标,可将插入点定位于此处。

(2)键盘定位

利用键盘上的方向键,可实现插入点相对当前位置的上、下、左、右移动。

- Home 键:将插入点移动到当前行行首。
- End 键:将插入点移动到当前行行尾。
- Page Up 键:向上翻屏。
- Page Down 键:向下翻屏。
- 快捷键"Ctrl + Home":将插入点移动到文档开始位置。
- 快捷键"Ctrl + End":将插入点移动到文档结束位置。

5. 插入与改写状态

Word 2016 文档在输入文字时有插入和改写两种状态,默认是插入状态。在插入状态下,在插入点处输入新内容,原有内容会自动向后移动;在改写状态下,新输入的内容会覆盖插入点后的原有内容。

单击状态栏上的"插入"或"改写"按钮或按 Insert 键可以实现插入与改写状态的切换。

6. 选定文本

在对 Word 2016 文档中的文本进行编辑和排版操作之前,首先要选定文本。文本的选定可以使用鼠标或键盘实现。

(1)使用鼠标选定文本

- 选定一个单词:双击待选定的单词。
- 选定一句:按住 Ctrl 键,同时单击待选定的句子。
- 选定一行:移动鼠标到待选行的左边,即选定域,鼠标指针变为向右倾斜的箭头时单击即可。
- 选定一个自然段:鼠标移动到待选段落左边的选定域,双击即可,或者鼠标指向待选段落,然后连续 3 次单击鼠标。
- 选定整个文档:鼠标移动到文本左边的选定域,连续 3 次单击即可,或者单击"开始"选项卡下"编辑"组中的"选择"按钮,在打开的下拉列表中选择"全选"选项。
- 选定任意连续的文本:将鼠标指向待选文本的起始位置,按住鼠标左键拖动鼠标到待选文本的结束处,释放鼠标,即将鼠标拖动轨迹中的文本选定,或者在待选文本开始处单击,然后按住 Shift 键,在待选文本结尾处单击,即可将两次单击处之间的文本选定。

● 选定矩形块文本:按住 Alt 键,拖动鼠标,可选定拖动开始处和结尾处为对角线的矩形区域内的文本。

(2)使用键盘选定文本

Word 2016 可通过键盘上的快捷键来实现文本的选定,快捷键操作方式见表 2.3.1。

表 2.3.1 文本选定的键盘操作

快捷键	选定范围
Shift + →	选定插入点右边的一个字符(可连续选定多个字符)
Shift + ←	选定插入点左边的一个字符(可连续选定多个字符)
Shift + ↑	选定到上一行对应位置之间的所有字符
Shift + ↓	选定到下一行对应位置之间的所有字符
Shift + Home	选定到当前行行首
Shift + End	选定到当前行行尾
Ctrl + Shift + Home	选定到文档的开始处
Ctrl + Shift + End	选定到文档的结尾处
Ctrl + A	选定整个文档

7. 修改文本

在文本输入过程中若发生错误,可以进行修改。

(1)删除单个字符

按 Backspace 键删除插入点前面的一个字符,按 Delete 键删除插入点后面的一个字符。

(2)删除多个字符

选定要删除的词、句、行、自然段、任意连续文本或整个文档,按 Backspace 或 Delete 键即可删除。

(3)更改文字块内容

在插入状态下,选定要更改的文字块,直接输入文字,即可将选定文字块更改。

【经典习题】现有标题为"8086/8088 CPU 的最大漠视和最小漠视"的文档,将文中所有错词"漠视"替换为"模式"。

【解析】操作步骤如图 2.3.15 所示。

8. 移动或复制文本

有鼠标操作和使用剪贴板两种方法实现文本的移动或复制。

(1)鼠标拖动法

选定要移动或复制的文本,将鼠标指向选定的文本,按住鼠标左键拖动到目标位置即完成移动操作,在鼠标拖动的同时按住 Ctrl 键可完成复制操作。

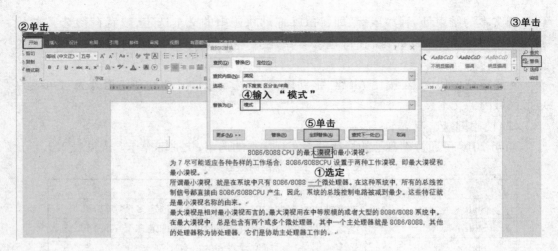

图 2.3.15　替换操作

（2）使用剪贴板

选定要移动或复制的文本，单击"开始"选项卡下"剪贴板"组中的"剪切"或"复制"按钮，将插入点定位到目标位置，再单击"开始"选项卡下"剪贴板"组中的"粘贴"按钮即可。

▶考点 2：字符格式设置

字符格式设置包括字体、字形、字号、字体颜色等设置。字体是指字符的形体，有中文字体和英文字体；字形是指附加的字符形体属性，如粗体、斜体等；字号是指字符的尺寸大小。设置字符格式有以下两种方法。

方法 1：使用"字体"组中的功能按钮。利用"开始"选项卡下"字体"组中的功能按钮可以完成字符格式的设置，包括字体、字号、增大字体、缩小字体、更改大小写、清除格式、拼音指南、字符边框、字形（粗体、斜体、下画线）、字体颜色等工具按钮。

方法 2：使用"字体"对话框。单击"开始"选项卡下"字体"组右下角的"字体"对话框启动按钮，在打开的"字体"对话框中进行设置。其中，"字体"选项卡用于设置中（西）文字体、字形、字号、字体颜色、文字效果等格式；"高级"选项卡用于设置字符间距、Opentype 功能等格式。

【经典习题 1】将某文档标题"2018 年足球世界杯在俄罗斯圆满开幕"设置为黑体、加粗、四号、红色，字符间距加宽 3 磅，并添加阴影效果"左下斜偏移"。

【解析】操作步骤如图 2.3.16 和图 2.3.17、图 2.3.18 所示。

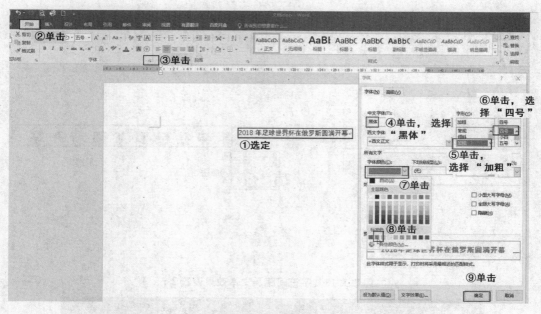

图 2.3.16　字符格式设置

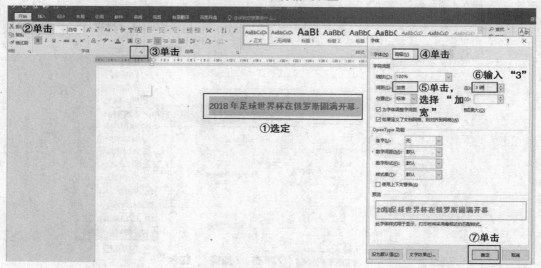

图 2.3.17　字符间距及文本效果设置 1

【经典习题 2】为某文档标题"2018 年足球世界杯在俄罗斯圆满开幕"添加红色阴影边框和浅绿色底纹。

【解析】操作步骤如图 2.3.19 和图 2.3.20 所示。

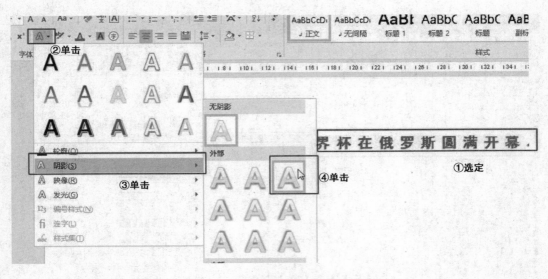

图 2.3.18　字符间距及文本效果设置 2

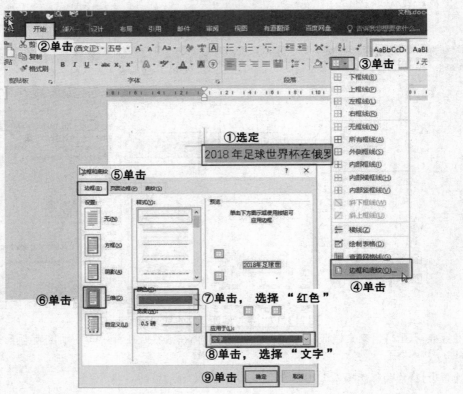

图 2.3.19　添加边框

▶考点3:段落格式设置

段落格式的设置包括对齐方式、缩进、行间距、段间距等格式的设置。若对一个段落进行设置操作,先要将插入点定位到段落中的任意位置;若对多个段落进行设置,先要选定这些段落。设置段落格式有以下两种方法。

方法1:使用"段落"组中的功能按钮。利用单击"开始"选项卡下"段落"组中的功能按钮可以完成段落格式的基本设置。

方法2:使用"段落"对话框。单击"开始"选项卡下"段落"组右下角的"段落"对话框启动按钮,在打开的"段落"对话框中进行设置。"段落"对话框的"缩进和间距"选项卡下能够对段落对齐方式、段落缩进、行间距和段间距进行设置。

图2.3.20 添加底纹

【经典习题】现有标题为"8086/8088 CPU 的最大模式和最小模式"的文档,设置正文各段落为1.25 倍行距,段后间距为 0.5 行,正文各段落首行缩进 2 字符。

【解析】操作步骤如图 2.3.21 所示。

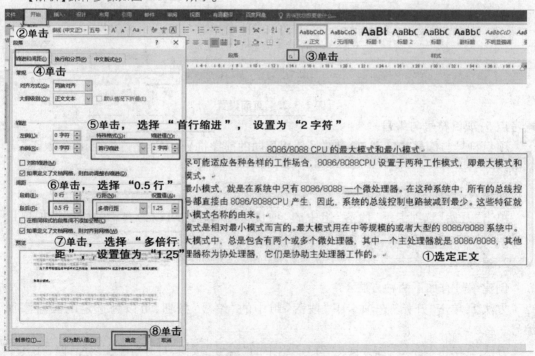

图2.3.21 段落格式设置

► **考点 4：页面设置**

Word 2016 可以通过"布局"组中的功能按钮或"页面设置"对话框设置文档的纸张大小、页边距、纸张方向等页面属性。

【经典习题】现有标题为"8086/8088 CPU 的最大模式和最小模式"的文档，设置上、下、左、右的页边距为 2.0 厘米，左装订线为 1 厘米；设置页面纸张为"16 开(18.4 厘米×26 厘米)"。

【解析】操作步骤如图 2.3.22 所示。

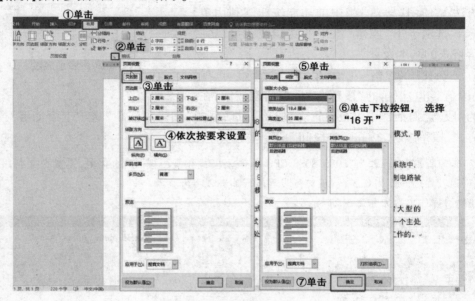

图 2.3.22　页面设置

► **考点 5：项目符号与编号**

项目符号与编号的区别：项目符号使用相同的前导符号，编号是连续变化的数字或者字母。

1. 项目符号

单击"开始"选项卡下"段落"组中的"项目符号"按钮，可以为选定的段落添加项目符号。

2. 编号

创建编号有如下两种方法：

方法 1：单击"开始"选项卡下"段落"组中的"编号"按钮，可以为选定的段落添加编号。

方法 2：单击"插入"选项卡下"符号"组中的"编号"按钮，打开"编号"对话框，在其中选择相应的编号。

【经典习题】现有标题为"8086/8088 CPU 的最大模式和最小模式"的文档，为正文第二段（"所谓最小模式……名称的由来。"）和第三段（"最大模式……协助主处理器工作的。"）分别添加编号"1)""2)"。

【解析】操作步骤如图2.3.23所示。

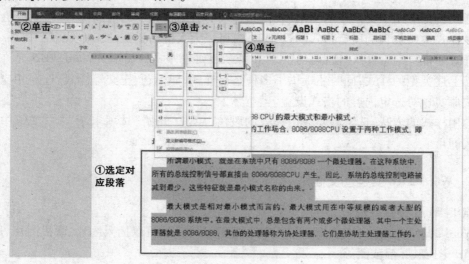

图2.3.23 添加编号

► 考点6：页眉页脚设置

页眉和页脚是文档中存放特殊内容的区域，通常显示文档的附加信息，如时间、日期、页码、单位名称、徽标等。页眉处于页面的上边距区域，页脚处于页面的下边距区域。

单击"插入"选项卡下"页眉和页脚"组中的"页眉"按钮、"页脚"按钮或"页码"按钮来设置页眉和页脚。

【经典习题】现有标题为"8086/8088 CPU 的最大模式和最小模式"的文档，在页面底端（页脚）按"普通数字2"样式插入罗马数字型（Ⅰ、Ⅱ、Ⅲ…）页码。

【解析】操作步骤如图2.3.23所示。

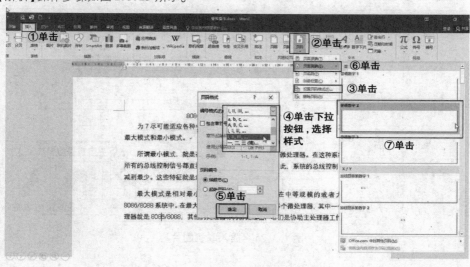

图2.3.24 插入页码

▶考点 7:样式的使用

样式就是应用于文档中的文本、表格和列表的一组格式。当应用样式时,系统会自动完成该样式中所包含的所有格式的设置工作,可以大大提高排版的工作效率。

样式通常有字符样式、段落样式、表格样式和列表样式等类型。Word 2016 允许用户自定义上述类型的样式,同时还提供了多种已有样式,如标题、正文等样式,选择相应样式可以快速实现对选定内容的格式设置。

应用样式的方法:选定需要应用样式的段落,单击"开始"选项卡下"样式"组中的某个样式即可。

2.3.3 Word 2016 文档图文混排

▶考点 1:Word 图片处理

Word 2016 自带图片剪辑库,能够识别多种图形格式,可以插入图片、联机图片、形状、SmartArt、图表、屏幕截图等。

1. 插入图片

(1)插入图片

将插入点定位到需要插入图片的位置,单击"插入"选项卡下"插图"组中的 "图片" 按钮,打开"插入图片"对话框,选择相应图片即可。

(2)插入联机图片

将插入点定位到需要插入图片的位置,单击"插入"选项卡下"插图"组中的 "联机图片"按钮,打开"联机图片"任务窗格,操作步骤如图 2.3.25 所示。

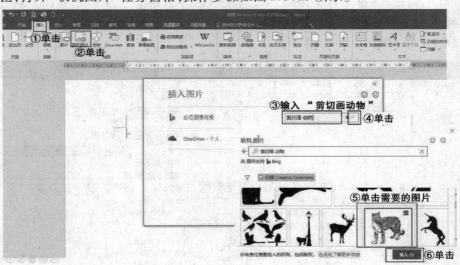

图 2.3.25 插入联机图片

（3）插入形状

将插入点定位到需要插入形状的位置，单击"插入"选项卡下"插图"组中的"形状"按钮，打开形状选项面板，包括最近使用的形状、线条、矩形、基本形状、箭头总汇、公式形状、流程图、星与旗帜、标注等各种类型，选择需要的形状后鼠标指针变为十字架形状，按住鼠标左键不放，拖动鼠标在文档中绘制出所选形状。

2. 设置图形格式

Word 2016 提供了图片编辑功能，能够直接在文档中编辑和处理图片。

（1）图片缩放

①使用鼠标缩放图片。

单击选定图片，用鼠标拖动图片四角出现的控制点即可改变图片的尺寸大小。

②精确缩放图片。

方法1：选定图片，会打开"图片工具—格式"选项卡，在"大小"组中可以通过设置"高度"和"宽度"的数值精确缩放图片。

方法2：右击图片，在弹出的快捷菜单中选择"大小和位置"命令，将打开"布局"对话框，选择"大小"选项卡，可以精确设置图片的高度、宽度和缩放等，如图2.3.26所示。

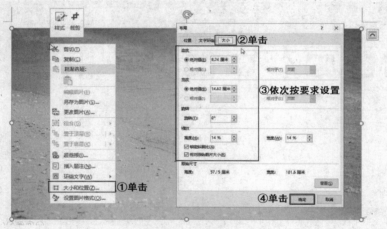

图2.3.26 图片大小设置

（2）移动或复制图片

选定图片后按住鼠标左键拖动，即可在文档页面上移动图片；也可以先选定图片，再通过"剪切""粘贴"命令来移动图片，或通过"复制""粘贴"命令来复制图片。

（3）图文混排

图文混排是指图片和文字的布局版式。单击选定图片，会打开"图片工具—格式"选项卡，单击"排列"组中的"位置"按钮，打开如图2.3.27所示的选项面板，可选择合适的文字环绕方式。

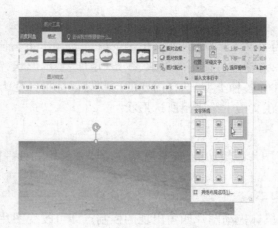

图 2.3.27　文字环绕方式

　　单击"排列"组中的"自动换行"按钮,可打开文字环绕选项下拉列表,从中选择需要的文字环绕图片方式即可,如图 2.3.28 所示。若在列表中选择"其他布局选项",将打开如图 2.3.29 所示的"布局"对话框,选择"文字环绕"选项卡,可进行更详细的设置。

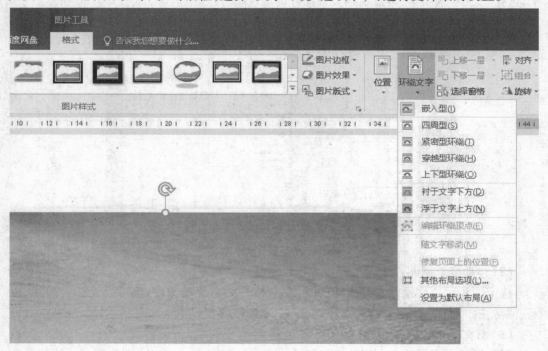

图 2.3.28　文字环绕选项

图 2.3.29 "布局"对话框

（4）设置图片属性

单击选定图片，会打开"图片工具—格式"选项卡，在"调整"组和"图片样式"组中可以对图片的亮度、对比度、透明色、阴影等属性进行设置，如图 2.3.30 所示。右击图片，在弹出的快捷菜单中选择"设置图片格式"命令，打开"设置图片格式"对话框，也可进行图片的属性设置，如图 2.3.31 所示。

图 2.3.30 设置图片属性

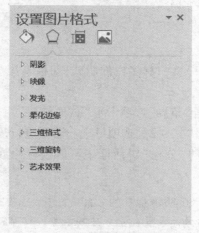

图 2.3.31 "设置图片格式"对话框

▶考点 2：首字下沉

有些文档中使用"首字下沉"效果能够让内容更醒目，可单击"插入"选项卡下"文本"

组中的"首字下沉"按钮进行设置。

【经典习题】现有标题为"8086/8088 CPU 的最大模式和最小模式"的文档,设置正文第一段("为了尽可能……最小模式。")首字为楷体,下沉 2 行(距正文 0.3 厘米)。

【解析】操作步骤如图 2.3.32 所示。

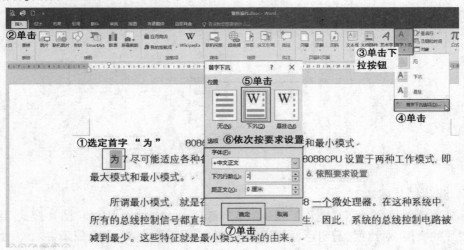

图 2.3.32　首字下沉设置

▶考点 3:添加水印

水印是页面背景的一种形式,单击"设计"选项卡下"页面背景"组中的"水印"按钮,可以给文档添加或删除水印。添加的水印有图片水印和文字水印两种形式。

【经典习题】现有标题为"8086/8088 CPU 的最大模式和最小模式"的文档,为文档添加蓝色、斜式、半透明"CPU 工作模式"文字水印。

【解析】操作步骤如图 2.3.33 所示。

▶考点 4:设置分栏

在报纸杂志中常能见到一页中有多栏的版式,前栏末尾与后栏开头相衔接。设置分栏的操作如下:

选定要分栏的文本,单击"布局"选项卡下"页面设置"组中的"分栏"按钮,在打开的分栏列表中有"一栏""两栏""三栏"等选项可选。若要进行复杂的分栏设置,选择列表中的"更多分栏"选项,在打开的"分栏"对话框中可以设置栏数(最多可以设置 11 栏)、宽度、栏间距、分隔线等内容。

【经典习题】现有标题为"8086/8088 CPU 的最大模式和最小模式"的文档,将正文第二段("所谓最小模式……名称的由来。")分为等宽的两栏,栏间距为 1.52 字符,栏间加分割线。

【解析】操作步骤如图 2.3.34 所示。

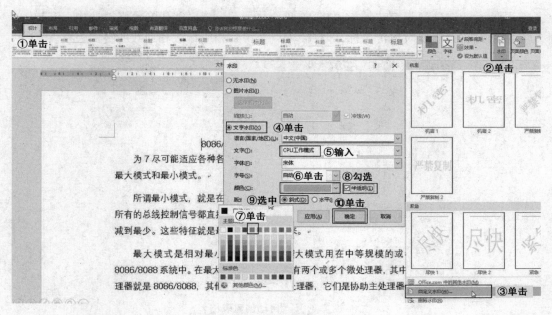

图 2.3.33 添加水印

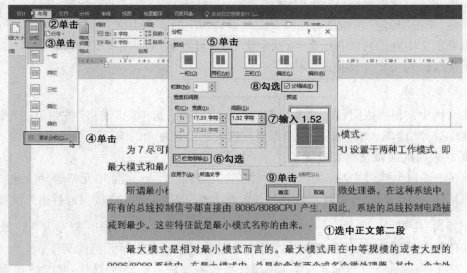

图 2.3.34 设置分栏

2.3.4 Word 2016 表格的制作

▶考点1:表格的创建

创建表格有两种方式:自动制表和绘制表格。

1. 自动制表

在文档中定位插入点,单击"插入"选项卡下"表格"组中的"表格"按钮,出现如图

2.3.35所示的选项列表,在"插入表格"选项组中移动鼠标,会有单元格被选中,当选中的行数和列数符合需要时单击鼠标,即在插入点处得到相应行数和列数的空白表格。

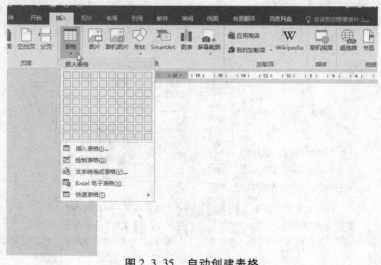

图2.3.35　自动创建表格

如果在选项列表中选择"插入表格"选项,会打开"插入表格"对话框,输入需要的行数和列数,单击"确定"按钮也可在插入点处得到相应的空白表格。

如果正文中有排列整齐的文字,选中文字后,可以选择"表格"下拉列表中的"文本转换成表格"选项,将文字转换成表格。

2. 绘制表格

在文档中定位插入点,单击"插入"选项卡下"表格"组中的"表格"按钮,在打开的选项列表中选择"绘制表格"选项,用户即可根据需求绘制复杂的表格。

▶**考点2:表格的编辑及格式设置**

表格的编辑包括调整表格的行高和列宽,合并、拆分、增加、删除单元格等,可通过"表格工具—布局"选项卡下"行和列""合并""单元格大小"等组中的功能按钮进行相关设置。

1. 调整行高

调整行高可以改变表格中整行的高度,也可以仅改变选定单元格的高度。

方法1:当鼠标指针指向水平表格线时,指针将变成双向箭头形状,此时按住鼠标左键沿垂直方向拖动鼠标即可调整本行的高度。

方法2:将插入点定位在表格内,或者选中多行,在"表格工具—布局"选项卡下"单元格大小"组的"高度"选项框中可以设置表格的行高。

方法3:将插入点定位在表格内,单击"表格工具—布局"选项卡下"单元格大小"组中的"分布行"按钮,可以使当前表格的各行等高(表格总高度保持不变)。

2. 调整列宽

调整列宽可以改变表格中整列的宽度,也可以仅改变选定单元格的宽度。

方法1：当鼠标指针指向垂直表格线时，指针将变成双向箭头形状，此时按住鼠标左键沿水平方向拖动鼠标即可调整本列的列宽。

方法2：将插入点定位在表格内，在"表格工具—布局"选项卡下"单元格大小"组的"宽度"选项框中可以设置表格的列宽。

方法3：将插入点定位在表格内，单击"表格工具—布局"选项卡下"单元格大小"组中的"分布列"按钮，可以使当前表格的各列等宽（表格总宽度保持不变）。

【经典习题1】现有标题为"8086/8088 CPU 的最大模式和最小模式"的文档，将正文最后6行文字转换为一个6行4列的表格，设置表格列宽为3.5厘米，行高为0.8厘米，表格中所有文字"水平居中"。

【解析】操作步骤如图2.3.36和图2.3.37所示。

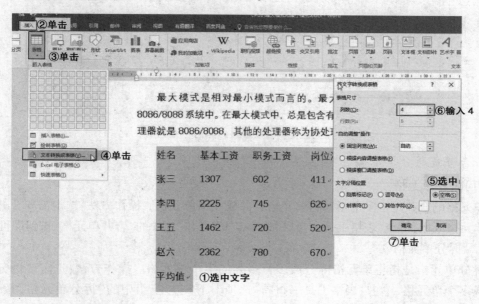

图2.3.36 文本转换成表格

3. 插入行或列

在已有的表格中，有时需要增加一些空白的行或列。

插入行的快捷方法：光标定位在表格最右侧的边框外，按回车键，可以在当前行的下面插入一行；光标定位在最后一行最右侧的单元格中，按 Tab 键可以增加一行。

插入行或列的一般方法：插入点定位在某单元格内，单击"表格工具—布局"选项卡下"行和列"组中"在上方插入"或"在下方插入"按钮，即可在插入点所在行的上面或下面插入新行；单击"在左侧插入"或"在右侧插入"按钮，即可在插入点所在列的左侧或右侧插入新列。

4. 删除行或列

如果需要删除表格中的某些行或列，只需要选定要删除的行或列，单击"表格工具—布局"选项卡下"行和列"组中的"删除"按钮即可。

8086/8088 系统中。在最大模式中，总是包含有两个或多个微处理器，其中一个主处理器就是 8086/8088，其他的处理器称为协处理器，它们是协助主处理器工作的。

姓名	基本工资	职务工资	岗位津贴
张三	1307	602	411
李四	2225	745	626
王五	1462	720	520
赵六	2362	780	670
平均值			

图 2.3.37　表格格式设置

5. 合并或拆分单元格

（1）合并单元格

单元格的合并是指多个相邻的单元格合并成一个单元格。操作方法：选定需要合并的连续单元格区域，单击"表格工具—布局"选项卡下"合并"组中的"合并单元格"按钮即可。

（2）拆分单元格

拆分单元格是指将单元格拆分成多行多列的多个单元格。操作方法：选定要拆分的一个或多个单元格，单击"表格工具—布局"选项卡下"合并"组中的"拆分单元格"按钮，在打开"拆分单元格"对话框中设置拆分的行数和列数，单击"确定"按钮即可。

（3）拆分表格

将插入点定位在表格中的某个单元格，单击"表格工具—布局"选项卡下"合并"组中的"拆分表格"选项，即能以插入点所在行的顶线为界，将表格拆分成上、下两个独立的表格。

6. 表格自动套用格式设置

表格创建后，可以使用"表格工具—设计"选项卡下"表格样式"组中内置的表格样式为表格快速设置格式。

7. 表格边框与底纹设置

单击"表格工具—设计"选项卡下"表格样式"组中的"边框"和"底纹"按钮可以对表格边框线的线型、粗细和颜色，表格底纹的颜色等进行个性化设置。

【经典习题2】现有一个6行4列的表格，设置表格所有外框线为0.75磅蓝色双窄线，内框线为绿色0.5磅单实线；为表格第一行添加"白色、背景1、15%"的灰色底纹。

【解析】操作步骤如图 2.3.38 至图 2.3.40 所示。

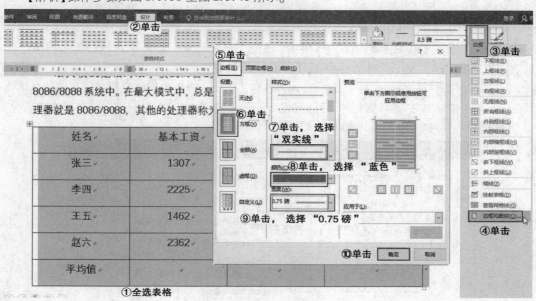

图 2.3.38　设置外边框

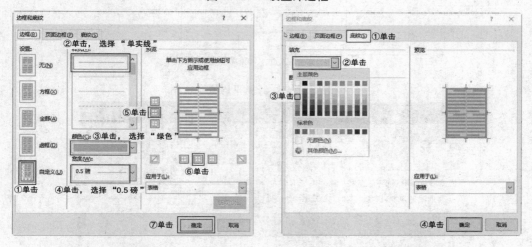

图 2.3.39　设置内框线　　　　　　图 2.3.40　设置底纹

▶考点 3：表格内数据的排序与计算

1. 排序

排序是按照一个或几个关键字的升序（降序）规则对数据进行重新排列，便于用户浏览。操作方法：将插入点置于要排序的表格中，单击"表格工具—布局"选项卡下"数据"组中的"排序"按钮，在打开的"排序"对话框中即可完成排序设置。

2. 计算

Word 2016 提供了对表格数据进行诸如求和、求平均值等常用统计计算的功能。操作方法：将插入点置于要计算的表格中，单击"表格工具—布局"选项卡下"数据"组中的"公式"按钮，在打开的"公式"对话框中即可完成计算设置。

【经典习题】现有一个 6 行 4 列的表格，计算表格第二、三、四列单元格中数据的平均值并填入最后一行，按"基本工资"列数据升序排列表格前五行的内容。

【解析】操作步骤如图 2.3.39 和图 2.3.40 所示。

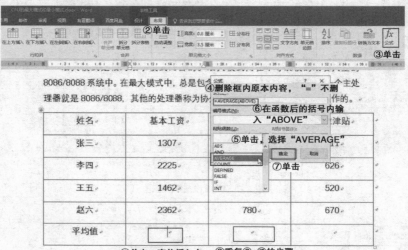

图 2.3.41　计算平均值

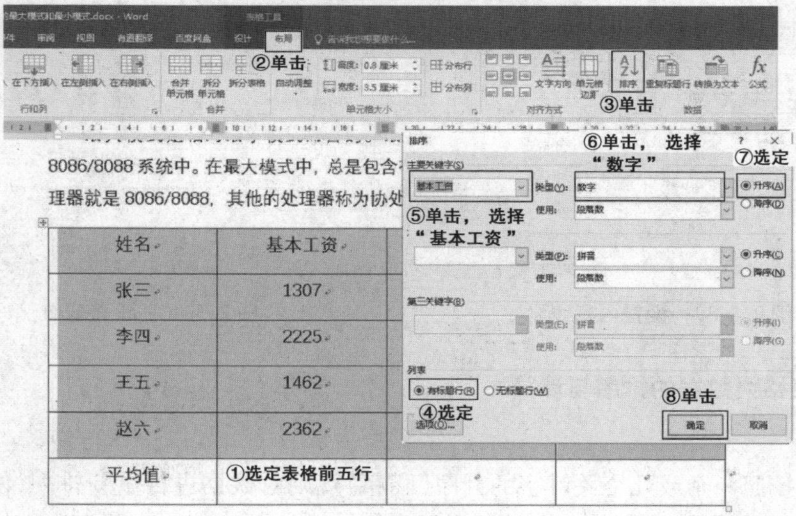

图 2.3.42　排序

2.3.5 同步训练

上机操作题

说明：第1—3题为精讲试题，配有操作演示视频供学生参考练习，基本涵盖了 Word 常考的知识点。第4—6题为模拟训练题，供学生自行练习。

1. 打开"2.3 练习"文件夹中的文档文件 Word1.docx，完成如下操作：

（1）将正文（除第一自然段的标题）字体设置为"华文新魏，四号"，将正文段落文字设置为"首行缩进2字符"；

（2）为正文（除第一自然段的标题）第四自然段设置首字下沉，下沉行数为"3 行"；

（3）设置页眉和页脚，页眉文字为"寻找快乐"，页脚文字为"寓言故事"；

（4）将纸张大小设置为"B5"；

（5）设置上、下、左、右的页边距均为"3 厘米"；

（6）在文档结尾处插入艺术字"寻找快乐！"，字体为"隶书，72 磅"，样式自选。

操作演示

2. 打开"2.3 练习"文件夹中的文档文件 Word2.docx，完成如下操作：

（1）将标题设置为"隶书，二号字，居中，倾斜"，文字效果为"填充茶色，文本2，轮廓背景2"；

（2）将正文字体设置为"小四号"；

（3）将正文段落文字设置为首行缩进2字符，1.5 倍行距；

（4）将文档中所有的"母亲"两字都设置为"蓝色，强调文字颜色1"；

（5）将纸张大小设置为"A4"，上、下、左、右边距均设置为"3 厘米"；

（6）插入页眉，文字设置为"母亲节的来源"。

操作演示

3. 打开"2.3 练习"文件夹中的文档文件 Word3.docx，完成如下操作：

（1）清除文档中的手动换行符以及多余的段落标记；

（2）清除文档中多余的空格，包括全角与半角的空格（提示：用"查找替换"功能完成）；

（3）应用样式，按表2.3.2的要求将各样式用于指定的文本内容；

操作演示

表2.3.2　样式应用要求

样式名称	用于
标题	文档中的第一行文字
标题 1	所有带"＄＄＄"符号的行
标题 2	所有带"＊＊＊"符号的行
列出段落	其余的内容

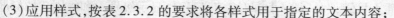
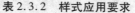

（4）为文档设置"环保"主题，页面颜色设置为"蓝色"；

（5）修改"标题1"样式，取消文字的"加粗"格式，段前段后间距各为"6 磅"，单倍行距。

4. 打开"2.3 练习"文件夹中的文档文件 Word4. docx，完成如下操作：

（1）将标题"笔记本计算机"设置为"黑体，二号字，加粗，居中对齐"；

（2）将正文字体设置为"华文仿宋，小四号"；

（3）将正文段落文字设置为"首行缩进 2 字符"；

（4）查找文中所有的文字"优势"，将其全部替换为"优点"；

（5）将纸张大小设置为"A4"，设置上边距"3 厘米"、下边距"2 厘米"、左边距"3 厘米"、右边距"2 厘米"；

（6）插入页眉，内容为"笔记本计算机"。

5. 打开"2.3 练习"文件夹中的文档文件 Word5. docx，完成如下操作：

（1）用"查找和替换"功能删除文档中所有的空格，包括全角和半角的空格；

（2）用"查找和替换"功能删除文档中多余的回车符；

（3）新建样式：样式名称为"后记"，字体为"楷体，14 磅"，段前、段后间距都为"1 行"；

（4）将"标题 1"样式用于各短文的标题（作者名的前一行）；

（5）将"后记"样式用于各个以"＄＄＄"打头的段落；

（6）将"列出段落"样式用于其余的段落；

（7）为文档设置"沉稳"主题，页面颜色设置为"绿色，强调文字颜色 1"（第 1 行第 5 个）；

（8）修改"列出段落"样式，设置：首行缩进为"2 字符"，行距为"1.5 行"；

（9）修改"标题 1"样式，段落居中对齐；

（10）为"标题 1"样式加项目符号"※"（普通文本，字符代码：203B）。

6. 打开"2.3 练习"文件夹中的工作簿文件 Word6. docx，完成如下操作：

（1）设置纸张大小为"信纸"（21.59 厘米 × 27.94 厘米），页边距为："上为 5 厘米、下为 3 厘米，左、右各 3.2 厘米"；

（2）在"［在此插入目录］"处，插入目录（自定义目录：显示级别 1 和级别 2 的标题）；

（3）插入"网格"封面，删除封面上的"副标题"和"摘要"，封面标题为"宫崎骏及其作品介绍"，在封面插入素材图片"PWORD10B_1. jpg"，图片样式自定义；

（4）在"壹 生平介绍"下的文字"宫崎骏（Miyazaki Hayao，1941 年 1 月 5 日 - ）……"中插入素材图片"PWORD10B_2. jpg"，设置图片为"四周型环绕"，调整图片大小和位置，设置图片格式为"棱台型椭圆，黑色"；

（5）在目录与正文之间插入分节符（下一页）；

（6）为正文插入奇偶页不同的页眉，奇数页的页眉内容是"宫崎骏及其作品介绍"，居中对齐；偶数页的页眉内容是图片"PWORD10B_2. jpg"，右对齐，调整图片大小和样式，效果参照样例，封面和目录部分无页眉；

（7）为正文页脚插入页码，要求起始页码为"1"，居中对齐，页码格式为"颚化符"，效

果参照样例,封面和目录部分无页码;

(8)将"陆 人物荣誉"下面的内容转换为表格,在表格第一行前再插入一空行,在空行中输入表格列标题"年份"和"奖项"。表格样式设置为"浅色底纹—强调文字颜色1"。

2.4 电子表格 Excel 2016 的功能和使用

2.4.1 Excel 2016 的基本操作

▶考点1:Excel 2016 基本功能、启动与退出

1. Excel 2016 基本功能

(1)表格创建

Excel 可以快捷地建立数据表格,即工作表,并对工作表中的数据进行输入和编辑,还能对工作表进行格式化操作。

(2)数据计算

Excel 可以利用自定义公式和丰富的各类函数,实现对表格中数据的复杂数据运算。

(3)图表编辑

Excel 可以通过创建数据图表直观明了地反映数据的特征信息,为数据分析提供帮助。

(4)统计分析

Excel 把数据表与数据库操作融为一体,利用选项卡和命令可以对数据进行排序、筛选、分类汇总、合并计算等操作,帮助用户从大量数据中快速分析出所需要的信息。

(5)数据共享

Excel 提供数据共享功能,可以实现多个用户共享一个工作簿文件,建立超链接和网络共享。

2. 启动 Excel 2016

方法1:选择"开始"菜单→"所有程序"→"Microsoft Office 2016"→"Microsoft Excel 2016"。

方法2:双击桌面上的 Excel 快捷方式图标 。

3. 退出 Excel 2016

方法1:单击标题栏右侧的"关闭"按钮 。

方法2:选择 Excel 窗口中"文件"菜单下的"退出"命令。

方法3:双击标题栏左侧 Excel 控制菜单按钮 。

方法4:按快捷键"Alt + F4"。

▶考点2：Excel 2016 的窗口和基本组成

1. Excel 2016 的窗口

启动 Excel 2016 后，即可打开 Excel 应用程序窗口，如图 2.4.1 所示。Excel 应用程序窗口包括快速访问工具栏、标题栏、功能区、编辑区、工作表区、状态栏等。

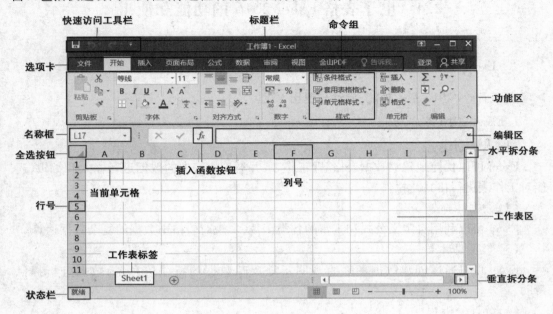

图 2.4.1　Excel 应用程序窗口

2. 工作簿、工作表和单元格

（1）工作簿

工作簿是计算和存储数据的文件，一个工作簿就是一个 Excel 文件，扩展名为 .xlsx。一个工作簿可以包含多个工作表，最多为 255 个。每次启动 Excel，系统会自动新建一个工作簿，文件名为"工作簿 1. xlsx"。

（2）工作表

工作表是由单元格、行号、列号、工作表标签等组成的表格形式的文件，可以存储文字和数值等信息。在默认情况下，一个工作簿自动打开一个工作表，以"Sheet1"命名。

（3）单元格

单元格是组成工作表的最小单位。一个工作表共有 16384 行和 1048576 列，行列交会处的区域称为单元格，每个单元格都有一个地址，地址由列号和行号组成。用鼠标单击一个单元格，该单元格就是当前单元格，此时单元格的框线变为粗黑线。

提示：该考点为 Excel 的基本概念，不会直接出题考查。考生熟练掌握后有助于理解后面的操作讲解，提高电子表格题的答题效率。

▶**考点3：工作簿的新建、保存及保护**

1. 新建工作簿

方法1：单击快速访问工具栏中的"新建"按钮。

方法2：选择"文件"菜单下的"新建"命令，在右侧双击"空白工作簿"按钮。

2. 保存工作簿

方法1：单击快速访问工具栏中的"保存"按钮。

方法2：选择"文件"菜单下的"保存"命令。

方法3：按快捷键"Ctrl+S"。

3. 保护工作簿

工作簿的保护主要有两方面：一是访问工作簿的权限保护；二是对工作表和窗口的保护。

访问工作簿的权限保护：选择"文件"菜单下的"另存为"命令，打开对应的"另存为"对话框进行设置，操作步骤如图2.4.2所示。

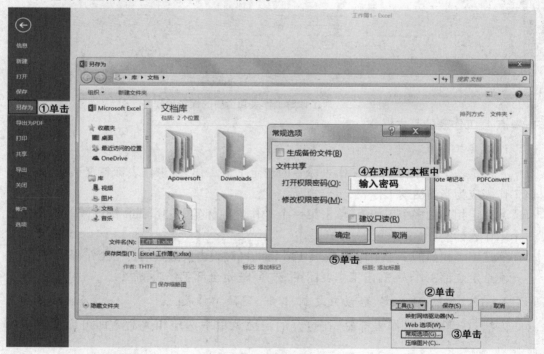

图2.4.2　访问工作簿的权限保护操作

对工作表和窗口的保护：单击"审阅"选项卡"更改"组中的"保护工作簿"按钮，在打开的"保护结构和窗口"对话框中进行设置，操作步骤如图2.4.3所示。

图2.4.3 对工作簿工作表和窗口的保护操作

▶考点4：工作表的基本操作

1. 选定工作表

• 选定一个工作表：单击工作表标签即选定了该工作表，工作表标签默认变为白色，该工作表成为当前活动工作表。

• 选定相邻的多个工作表：单击第一个工作表的标签，按住 Shift 键的同时单击最后一个工作表标签。

• 选定不相邻的多个工作表：按住 Ctrl 键的同时单击要选定的每个工作表标签。

• 选定全部工作表：右击工作表标签，选择"选定全部工作表"命令。

2. 插入、删除、重命名、移动或复制、保护、隐藏工作表

方法：右键单击工作表标签，在打开的快捷菜单中选定相关命令即可完成对应的操作。

如果选择"移动或复制工作表"命令和"保护工作表"命令会打开对应的对话框，在对话框中进行设置即可，操作步骤如图2.4.4所示。

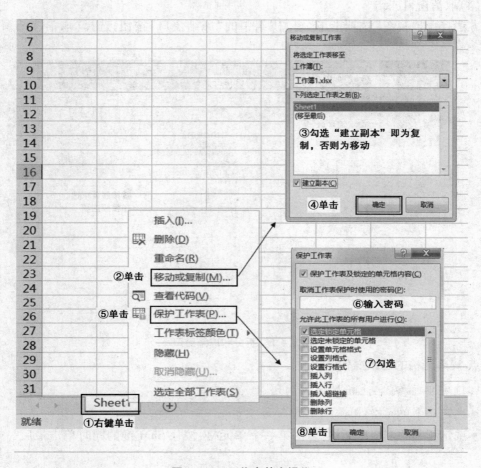

图2.4.4 工作表基本操作

3.拆分和冻结工作表窗口

（1）拆分窗口

方法1：单击"视图"选项卡"窗口"组中的"拆分"按钮，一个窗口被拆分为4个窗口。

方法2：鼠标指向水平拆分条（或垂直拆分条），鼠标指针变成拆分形状时拖动鼠标到适当位置放开即可。

（2）取消窗口拆分

方法：将拆分条拖回到原来的位置或单击"视图"选项卡下"窗口"组中的"拆分"命令。

（3）冻结窗口

方法：单击"视图"选项卡下"窗口"组中的"冻结窗口"按钮，选择相应的选项，如图2.4.5所示。

（4）取消窗口冻结

方法：单击"视图"选项卡下"窗口"组中的"冻结窗口"按钮，选择"取消冻结窗格"选项。

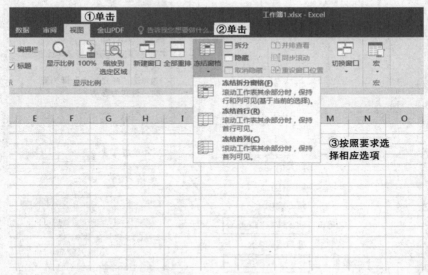

图 2.4.5　拆分和冻结窗口

▶考点5：单元格的基本操作

1.选定单元格、单元格区域、行、列

● 选定一个单元格：单击单元格。

● 选定相邻的多个单元格：单击第一个单元格，按住 Shift 键的同时单击最后一个单元格。

● 选定不相邻的多个单元格：按住 Ctrl 键的同时单击要选定的每个单元格。

● 选定整行或整列：单击工作表的行号或列号可选定整行或整列。

● 选定全部单元格：单击全选按钮█或按快捷键"Ctrl + A"。

2.插入与删除单元格、行、列

● 插入单元格：单击某个单元格，以它作为插入位置，单击"开始"选项卡下"单元格"组中的"插入"按钮，在弹出的下拉列表中选择"插入单元格"选项。

● 插入行或列：单击某行或某列的任一单元格，以它作为插入位置，单击"开始"选项卡下"单元格"组中的"插入"按钮，在弹出的下拉列表中选择"插入工作表行"或"插入工作表列"选项。

● 删除单元格：单击要删除的单元格，单击"开始"选项卡下"单元格"组中的"删除"按钮，在弹出的下拉列表中选择"删除单元格"选项，打开"删除"对话框，在对话框中选择删除方式即可。

● 删除行或列：单击要删除的行或列，单击"开始"选项卡"单元格"组中的"删除"按钮,在弹出的下拉列表中选择"删除工作表行"或"删除工作表列"选项。

3. 命名单元格

方法:选定要命名的单元格,在"编辑区"左侧的"名称框"中输入单元格名称,按回车键即可完成命名。

4. 添加、编辑/删除批注

● 添加批注:选定要添加批注的单元格,单击"审阅"选项卡下"批注"组中的"新建批注"按钮,在打开的批注框中输入批注的文字,完成后单击批注框外的工作表区域即可。

● 编辑/删除批注:选定有批注的单元格,右击,在弹出的快捷菜单中选择"编辑批注"或"删除批注"命令,即可对批注信息进行编辑或删除。

▶**考点6:工作表页面设置及打印**

1. 工作表页面设置

在 Excel 窗口中选择"页面布局"选项卡,在"页面设置"组中即可完成对页边距、纸张方向、纸张大小、打印区域、打印标题等的设置。

2. 工作表的打印

在 Excel 窗口中选择"文件"菜单下的"打印"命令,在右侧对应窗口中即可完成相关的打印设置。

2.4.2　Excel 2016 工作表的编辑与格式设置

▶**考点1:单元格数据输入和编辑**

1. 输入数值

输入的数值在单元格中默认为右对齐。

在 Excel 中输入的数值与最后显示的数值未必相同,当输入的数值长度超出单元格宽度时会自动转换为科学记数法表示。

2. 输入文本

输入的文本数据在单元格中默认为左对齐。

如果要输入电话号码等特殊文本,需要在数字前加上英文单引号。

如果要在同一单元格中显示多行文本,则单击"开始"选项卡下"对齐方式"组中的"自动换行"按钮。

3. 输入日期或时间

输入的日期或时间在单元格中默认为右对齐。

Excel 常见的日期格式为 2018/02/14、2018 - 02 - 14、14 - 02 - 18、14/02/18。

如要输入当前日期,按快捷键"Ctrl + ;";如要输入当前时间,按快捷键"Ctrl + Shift + ;"。

4. 自动填充单元格序列

（1）填充简单数据

方法：鼠标指针指向初始值所在单元格右下角的填充柄，当鼠标指针变为黑色十字形状时，按住左键拖至最后一个单元格，松开左键即可完成填充。

（2）填充复杂数据

方法：单击"开始"选项卡下"编辑"组中的"填充"按钮，在弹出的下拉列表中选择"序列"选项，在打开的"序列"对话框中进行相关设置即可完成具有一定规律的复杂数据填充。

（3）自定义填充

方法：选择"文件"菜单下的"选项"命令，在打开的"Excel 选项卡"中选择"高级"命令，在右侧对应窗口中选择"编辑自定义列表"选项，在打开的"自定义列表"对话框中选择"新序列"选项，在"输入序列"文本框中依次输入序列成员，最后单击"添加"按钮。

5. 单元格数据清除

方法：选取要清除的单元格或区域，单击"开始"选项卡下"编辑"组中的"清除"按钮，在弹出的下拉列表中选择相应选项即可，操作步骤如图 2.4.6 所示。

图 2.4.6　数据清除操作

6. 单元格数据有效性的设置

方法：选取要设置数据有效性的单元格或区域，单击"数据"选项卡下"数据工具"组中的"数据有效性"按钮，在打开的"数据有效性"对话框中进行设置。

► **考点 2：工作表格式化**

1. 标题的格式化

方法：选取要设置格式的标题所在的单元格或区域，单击"开始"选项卡下"对齐方式"组中的"合并后居中"按钮，在打开的下拉列表中选择相应选项即可。

【经典习题 1】现有"某出版社书籍销售情况表"工作表，合并 A1：D1 单元格区域，内容水平居中。

【解析】操作步骤如图 2.4.7 所示。

图2.4.7　合并单元格

2.设置数字格式

方法:在"设置单元格格式"对话框的"数字"选项卡中进行设置,可以改变数字(包括日期)在单元格中的显示形式,但不改变在编辑区中的显示形式。数字格式主要有常规、数值、货币、会计专用、日期、时间、百分比、分数、科学记数、文本、特殊、自定义等,如果选择了带有小数的数字格式,用户还可以设置小数点后的位数。默认情况下,数字格式为"常规"格式。

【经典习题2】现有"某出版社书籍销售情况表"工作表,设置"所占比例"列的数字格式为"百分比"型,保留两位小数。

【解析】操作步骤如图2.4.8所示。

3.设置对齐方式和字体

• 设置对齐方式:选定要设置对齐方式的单元格或单元格区域,打开"设置单元格格式"对话框,单击"对齐"选项卡可对数据在水平方向、垂直方向上的对齐方式进行设置,也可使数据旋转一个角度。

• 设置字体:选定要设置字体格式的单元格或单元格区域,单击"开始"选项卡下"字体"组中的"字体"下拉框选择字体,单击"字号"下拉框选择字号。

4.设置边框和底纹

方法:选定要设置边框和底纹的单元格或单元格区域,打开"设置单元格格式"对话框,单击"边框"选项卡可对边框样式、颜色进行设置,单击"填充"选项卡可对单元格或单元格区域的背景色、填充效果和图案等进行设置。

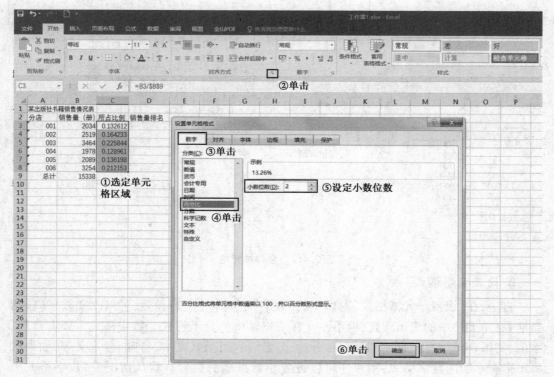

图 2.4.8　单元格数字格式设置

5.设置列宽和行高

方法:选定目标行或列,单击"开始"选项卡下"单元格"组中的"格式"按钮,在弹出的下拉列表中选择"行高"或"列宽"选项,在出现的"行高"或"列宽"对话框中输入行高或列宽值,单击"确定"按钮即可。

►考点 3:条件格式设置

条件格式设置可以对含有数值或其他内容的单元格或者含有公式的单元格应用某种条件从而决定数值的显示格式。

方法:单击"开始"选项卡"样式"组中的"条件格式"按钮进行设置。

【经典习题 1】现有"某出版社书籍销售情况表"工作表,利用条件格式设置将销售量大于 3000 的单元格字体设置为红色。

【解析】操作步骤如图 2.4.9 所示。

【经典习题 2】现有"考试成绩表"工作表,利用"条件格式"中"数据条"下"实心填充"中的"蓝色数据条"修饰 E3:E8 单元格区域。

【解析】操作步骤如图 2.4.10 所示。

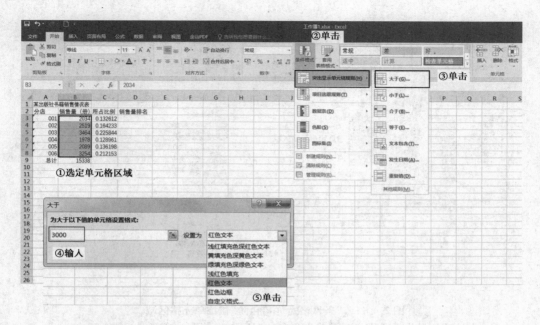

图2.4.9 条件格式设置

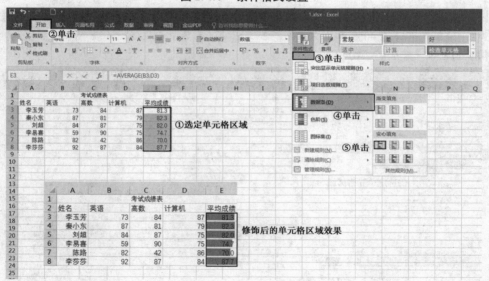

图2.4.10 "条件格式"中"数据条"修饰单元格区域

【经典习题3】现有"考试成绩表"工作表,利用"条件格式"中"色阶"下的"红—黄—绿"色阶修饰E3:E8单元格区域。

【解析】操作步骤如图2.4.11所示。

►考点4:自动套用格式

自动套用格式可以将Excel提供的显示格式自动套用到用户指定的单元格区域或者表格中,使单元格区域或表格更加美观。

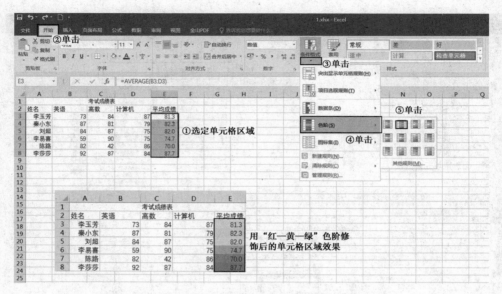

图 2.4.11　"条件格式"中"色阶"修饰单元格区域

方法:单击"开始"选项卡下"样式"组中的"下拉菜单"按钮进行设置。

【经典习题 1】现有"某出版社书籍销售情况表"工作表,将 A2:D2 单元格区域套用单元格样式,设置为"主题单元格样式,40%-强调文字颜色 2"。

【解析】操作步骤如图 2.4.12 所示。

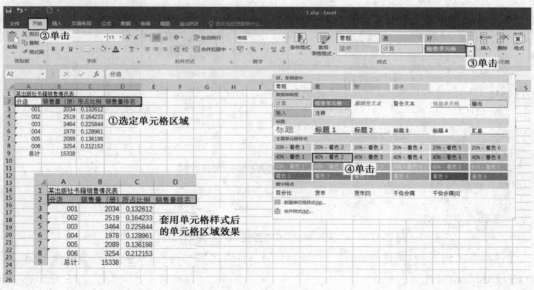

图 2.4.12　自动套用单元格样式

【经典习题 2】现有"某出版社书籍销售情况表"工作表,将 A2:D9 单元格区域套用表格格式,设置为"表样式中等深浅 4"。

【解析】操作步骤如图 2.4.13 所示。

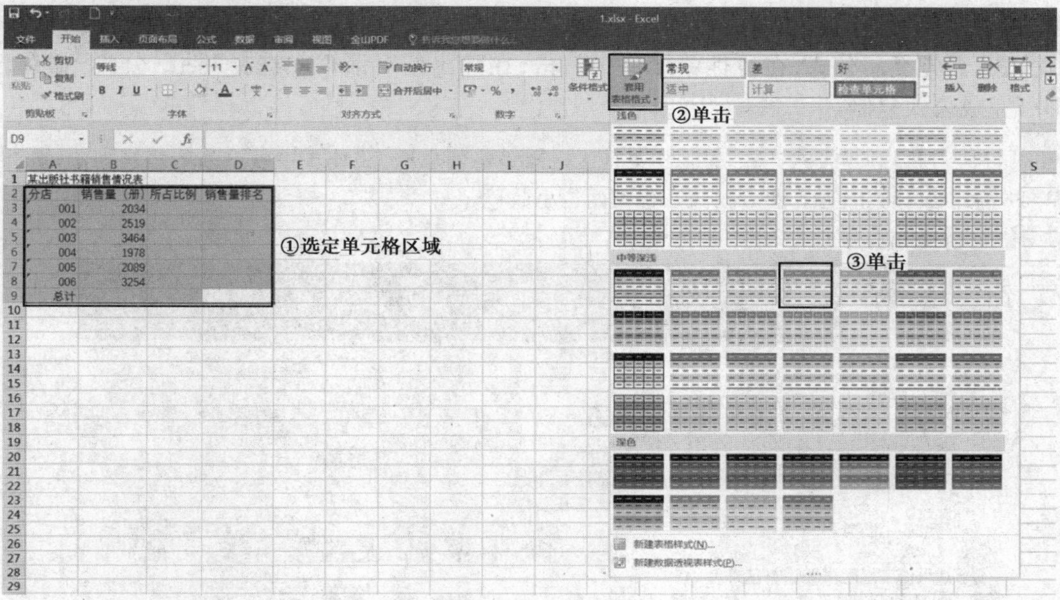

图 2.4.13　自动套用表格样式

2.4.3　Excel 2016 数据处理与图表创建

▶考点 1:公式的编辑

1.公式的形式

公式的一般形式: = < 表达式 >。

表达式可以是算术表达式、关系表达式和字符表达式等,表达式可由运算符、常量、单元格地址、函数及括号等组成,但不能含有空格,公式中"< 表达式 >"前面必须有"="号。

2.运算符

常用的运算符有算术运算符、字符运算符和关系运算符 3 类,按优先级从高到低依次为算术运算符、字符运算符、关系运算符。

- 算术运算符: −(负号)、%(百分号)、^(乘方)、*(乘)、/(除)、+(加)、−(减)。
- 字符运算符:&(字符串连接)。
- 关系运算符: =(等于)、< >(不等于)、>(大于)、> =(大于等于)、<(小于)、< =(小于等于)。

3.公式的输入与复制

- 输入公式:选定要显示计算结果的单元格,双击该单元格后可在单元格中输入公式,或者在编辑区中输入公式。

● 复制公式:为了完成快速计算,常常需要进行公式的复制。选定含有公式的单元格,拖动该单元格的自动填充柄,可完成相邻单元格的公式复制。如要在不相邻单元格复制公式,需先复制公式,在目标单元格中右击,在弹出的对话框中选择"粘贴公式"命令,即可完成公式复制。

【经典习题】利用公式计算"某月份某地区电器销售信息表"工作表中各产品的销售利润,置于F3:F8单元格区域中(货币型,千分位,保留两位小数)。

【解析】操作步骤如图2.4.14所示。

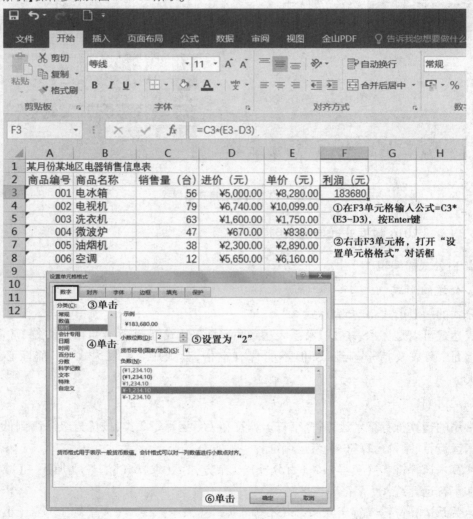

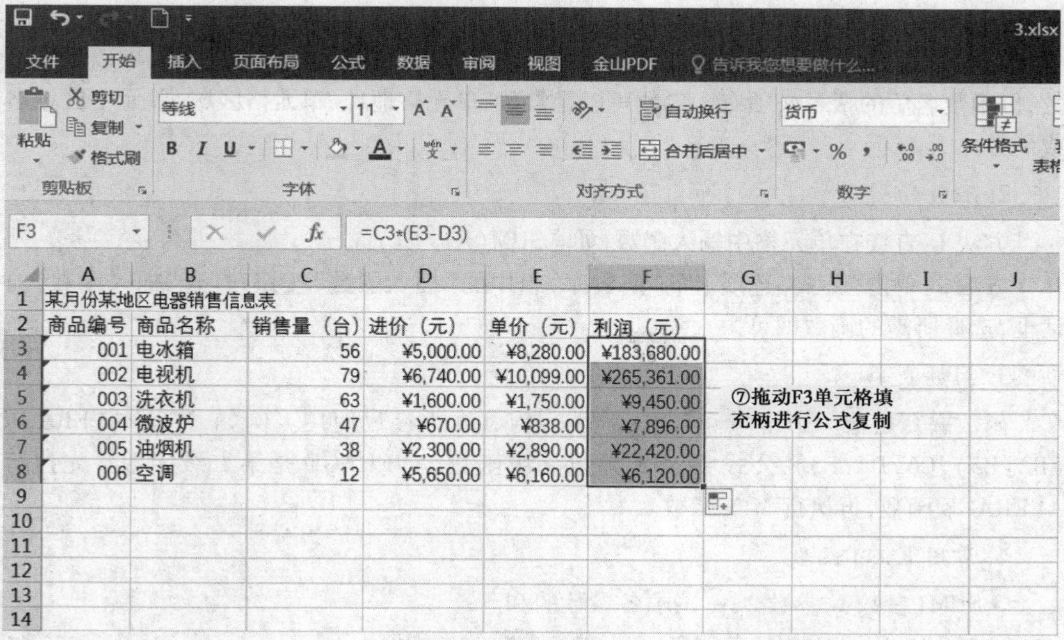

图 2.4.14 利用公式计算利润

▶考点2：单元格引用

1. 相对引用

Excel 中默认的单元格引用为相对引用，如 A1、B2 等。相对引用是指当公式在复制或移动时会根据移动的位置自动调节公式中引用单元格的位置。

2. 绝对引用

绝对引用是在所引用单元格区域中加上"＄"符号，如 ＄A＄1、＄B＄2。绝对引用的单元格将不随公式位置的变化而改变。

3. 混合引用

混合引用是在单元格地址的行号或列号前加上"＄"符号，如 ＄A1、B＄2。当公式单元格因为复制或插入而引起行列变化时，公式的相对地址部分会随位置变化，而绝对地址部分不随位置变化。

4. 跨工作表单元格地址引用

公式中可能用到另一工作表的单元格中的数据，如 D3 中的公式为 =（A3 + B3）＊Sheet2！C3，其中"Sheet2！C3"表示工作表 Sheet2 中的 C3 单元格地址。地址的一般形式：工作表名！单元格地址。

▶考点3：常用函数的使用

1. 函数的形式

函数一般由函数名和参数组成，形式如下：

函数名([参数1],[参数2],…)

函数名后紧跟括号,可以有一个或多个参数,参数间用逗号分隔。函数也可以没有参数,但函数名后的括号必须有。参数可以是常数、单元格地址、单元格区域、单元格区域名或函数。

2. 函数的引用

方法1:直接在单元格中输入函数,如 = SUM(A1:E1)。

方法2:单击"公式"选项卡下"函数库"组中的"插入函数"按钮,打开"插入函数"对话框,选择所需的函数即可。

3. 函数嵌套

函数嵌套是指一个函数可以作为另一个函数的参数使用。例如,MIN(AVERAGE(B2:B5),C6,D4,E3)公式中 MIN 是第一级函数,AVERAGE 是第二级函数。先执行 AVERAGE 函数,再执行 MIN 函数。

4. 常用 Excel 函数

● SUM(参数1,参数2,…):求各参数的和。

● AVERAGE(参数1,参数2,…):求各参数的平均值。

● MAX(参数1,参数2,…):求各参数中的最大值。

● MIN(参数1,参数2,…):求各参数中的最小值。

● COUNT(参数1,参数2,…):求各参数中数值型数据的个数。

● COUNTIF(条件数据区,"条件"):统计"条件数据区"中满足给定"条件"的单元格的个数。

● SUMIF(条件数据区,"条件",[求和数据区]):在"条件数据区"中查找满足给定"条件"的单元格,计算满足条件的单元格对应于"求和数据区"中数据的累加和。如果"求和数据区"省略,SUMIF 是求满足条件的单元格内数据的累加和。

● MODE(参数1,参数2,…):返回在某一数组或数据区域中出现频率最多的数值。

● RANK(参数1,数字列表,[指定排名的方式]):返回一个数字在数字列表中的排位,数字的排位是其大小与列表中其他值的比值。数字列表区域需要绝对引用,指定排名的方式为0或1。

● IF(条件,参数1,参数2):如果指定条件的计算结果为 TRUE,IF 函数将返回某个值;如果该条件的计算结果为 FALSE,则返回另一个值。

● AND(逻辑值1,逻辑值2,…):用来检验一组数据是否都满足条件。AND 函数中所有参数的逻辑值为真时返回 TRUE,只要一个参数的逻辑值为假即返回 FALSE。

● ABS(参数):用于返回数字的绝对值,正数和0返回数字本身,负数返回数字的相反数。参数(必选):表示要返回绝对值的数字,可以是直接输入的数字或通过单元格引用。

【经典习题1】对"学生成绩信息表"工作表利用 RANK.EQ 函数计算总分排名,置于 H3:H14 单元格区域。

【解析】操作步骤如图 2.4.15 所示。

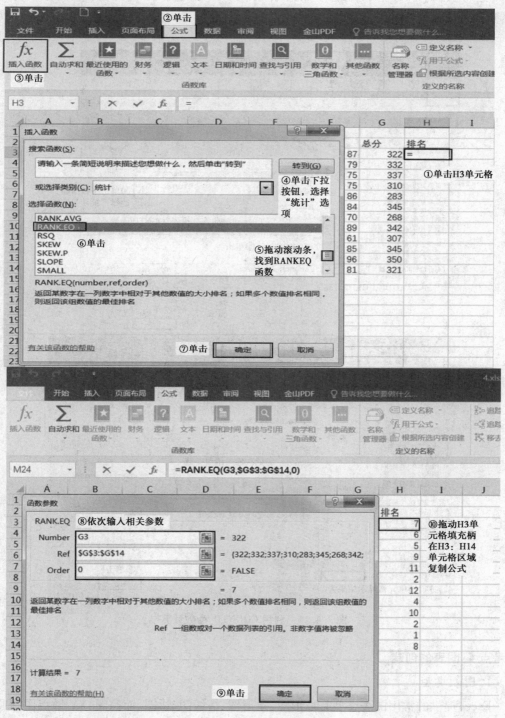

图 2.4.15 利用 RANK 函数计算

【经典习题2】对"学生成绩信息表"工作表利用 COUNTIF 函数计算总分低于300分的人数,置于 C15 单元格。

【解析】操作步骤如图2.4.16所示。

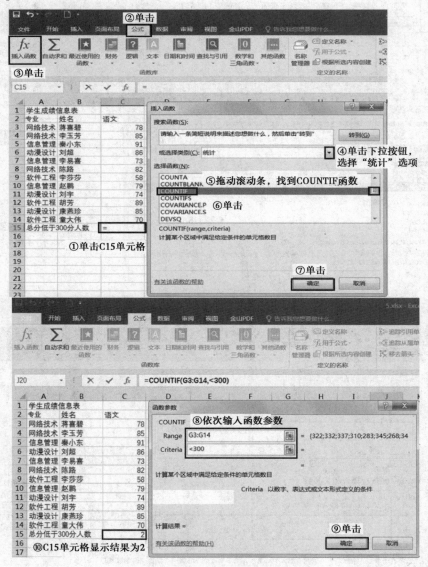

图 2.4.16　利用 COUNTIF 函数计算

▶考点4:图表的创建

1. 图表类型

Excel 提供的常用图表类型有柱形图、条形图、折线图、饼图、面积图、XY 散点图、圆环图、股价图、曲面图、圆柱图、圆锥图和棱锥图等。用户可以在"插入"选项卡下"图表"组中选择某一图表类型,创建相应的图表。

2. 图表构成

一个图表主要由图表标题、坐标轴图标、绘图区、网格线等组成,如图 2.4.17 所示。

- 图表标题:描述图表的名称,默认在图表的顶端,可有可无。
- 坐标轴与坐标轴标题:坐标轴标题是 X 轴和 Y 轴的名称,可有可无。
- 图例:包含图表中相应的数据系列的名称和数据系列在图中的颜色。
- 绘图区:以坐标轴为界的区域。
- 数据系列:一个数据系列对应工作表中选定区域的一行或一列数据。
- 网格线:从坐标轴刻度线延伸出来并贯穿整个"绘图区"的线条系列,可有可无。
- 背景墙与基底:三维图表中会出现背景墙与基底,用于显示图表的维度和边界。

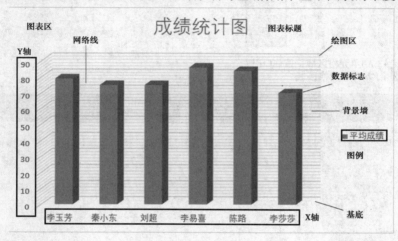

图 2.4.17 图表的构成

3. 图表位置

Excel 中的图表位置有两种情况:一种是嵌入式图表,它和创建图表的数据源放置在同一张工作表中;另一种是独立式图表,它独立于数据表单独存放在一张工作表中,默认名称为"Chart1"。Excel 中默认创建的是嵌入式图表,用户可以通过选中工作表,单击"图表工具—设计"选项卡"位置"组中的"移动图表"按钮,在打开的"移动图表"对话框中设置图表为独立式图表。

【经典习题】选取"考试成绩表"的"姓名"列(A2:A8单元格区域)和"平均成绩"列(E2:E8单元格区域)的内容建立"簇状圆柱图",图表标题为"成绩统计图",图例位置为底部,将图表插入到该工作表的 A9:F23 单元格区域中。

【解析】操作步骤如图 2.4.18 所示。

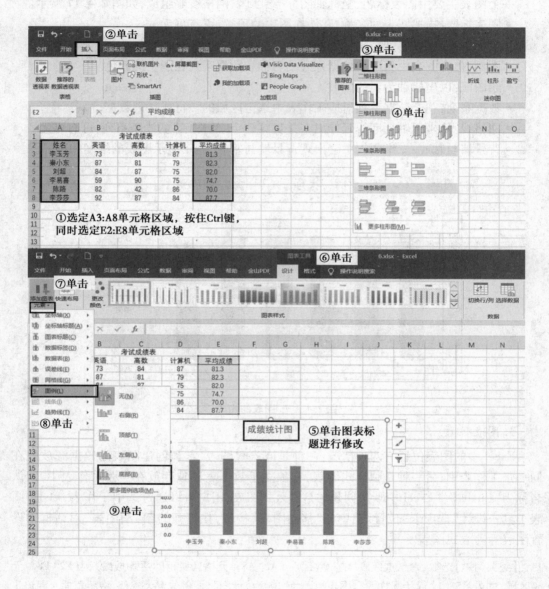

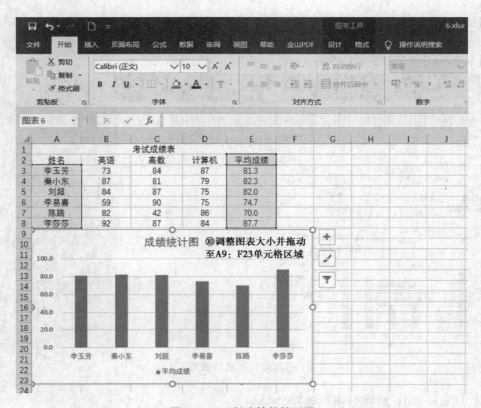

图 2.4.18　创建簇状柱形图

▶考点 5：图表的编辑

1.修改图表类型

方法：单击图表绘图区,单击"图表工具—设计"选项卡下"类型"组中的"更改图表类型"按钮,在打开的"更改图表类型"对话框中修改图表类型。

2.修改图表源数据

● 向图表中添加源数据：单击图表绘图区,选择"图表工具—设计"选项卡下"数据"组中的"选择数据"按钮,在打开的"选择数据源"对话框中重新选择图表所需的数据区域即可完成向图表中添加源数据。

● 删除图表中的数据：删除工作表中的数据,图表会自动更新。利用"选择数据源"对话框的"图例项(系列)"栏中的"删除"按钮可以进行图表数据的删除。

3.图表修饰

方法：选中所需修饰的图表,利用"图表工具—布局"选项卡和"图表工具—格式"选项卡下的命令,可以完成对图表的修饰。

【经典习题】选定"考试成绩表"工作表中的"成绩统计图",设置图表区格式为"点线:5%"图案填充。

【解析】操作步骤如图 2.4.19 所示。

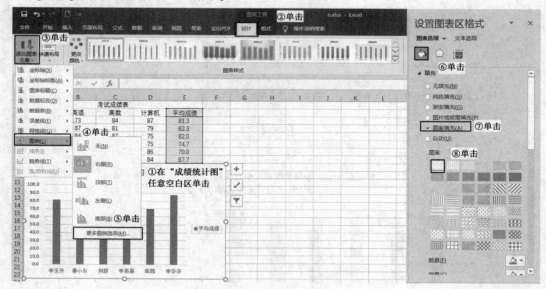

图 2.4.19　修饰图表

2.4.4　Excel 2016 数据分析与管理

▶考点 1:数据清单的创建

数据清单是指包含一组相关数据的一系列工作表数据行,由标题行(表头)和数据部分组成。数据清单中的行相当于数据库中的记录,行标题相当于记录名;数据清单中的列相当于数据库中的字段,列标题相当于字段名。

▶考点 2:数据排序

1.单关键字简单排序

方法 1:单击"开始"选项卡下"编辑"组中的"排序和筛选"按钮,在弹出的下拉列表中选择"升序"或"降序"选项。

方法 2:单击"数据"选项卡下"排序和筛选"组中的升序按钮 $\frac{Z}{A}\downarrow$ 或降序按钮 $\frac{A}{Z}\downarrow$。

【经典习题 1】对"考试成绩表"数据清单的内容按"平均成绩"的降序排序。

【解析】操作步骤如图 2.4.20 所示。

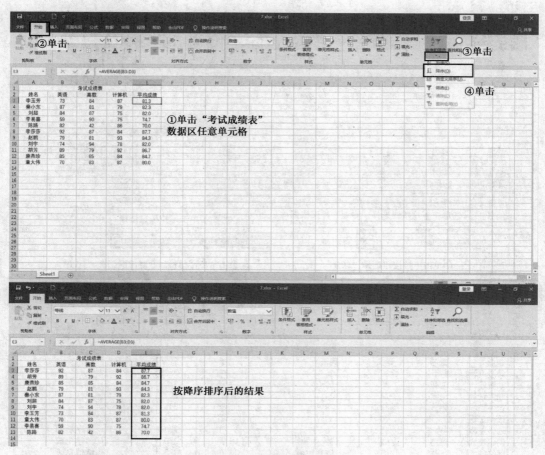

图 2.4.20　单关键字简单排序

2. 多关键字复杂排序

方法 1：单击"开始"选项卡下"编辑"组中的"排序和筛选"按钮，在弹出的下拉列表中选择"自定义排序"选项，可设置多个关键字的复杂排序。

方法 2：单击"数据"选项卡下"排序和筛选"组中的"排序"按钮，在打开的"排序"对话框中可实现多个关键字的复杂排序。

【经典习题 2】对"学生成绩信息表"数据清单的内容按照主要关键字"专业"的升序和次要关键字"总分"的降序排序。

【解析】操作步骤如图 2.4.21 所示。

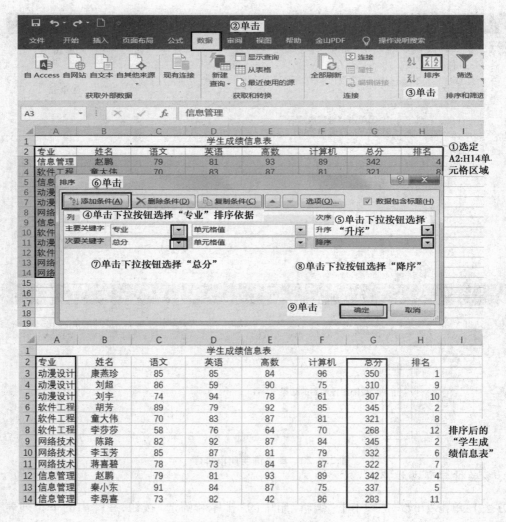

图 2.4.21　多关键字复杂排序

▶**考点 3：数据筛选**

1. 自动筛选

方法 1：单击"开始"选项卡下"编辑"组中的"排序和筛选"按钮，在弹出的下拉列表中选择"筛选"选项。

方法 2：单击"数据"选项卡下"排序和筛选"组中的"筛选"按钮。

【经典习题 1】对"考试成绩表"数据清单的内容进行自动筛选，条件为"平均成绩"大于等于 80。

【解析】操作步骤如图 2.4.22 所示。

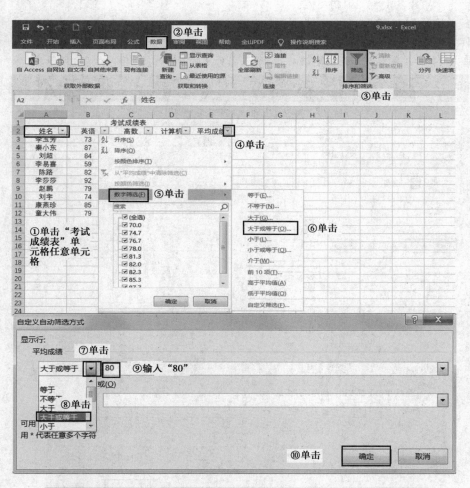

筛选结果

图 2.4.22　单字段条件自动筛选

【经典习题2】对"考试成绩表"数据清单的内容进行自动筛选,条件1为"平均成绩"大于等于80;条件2为"姓名"中姓"李"的人。

【解析】条件1的筛选步骤如图2.4.22所示,条件2的筛选步骤如图2.4.23所示。

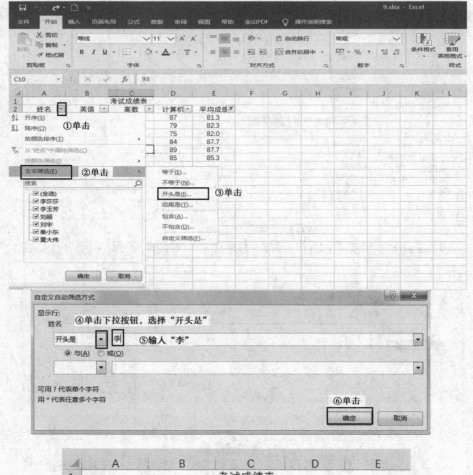

筛选结果

图2.4.23　多字段条件自动筛选

2.高级筛选

高级筛选一般用于条件较复杂的筛选。使用高级筛选必须先建立一个条件区域,用来编辑筛选条件。条件区域的第一行是所有作为筛选条件的字段名,必须与数据清单中的字段名完全一样。在条件区域中的其他行输入筛选条件,"与"关系的条件必须出现在同一行内,"或"关系的条件不能出现在同一行内。

　　方法:单击"数据"选项卡下"排序和筛选"组中的"高级"按钮,在打开的"高级筛选"对话框中设置实现高级筛选。

　　【经典习题3】对"员工档案表"数据清单的内容进行高级筛选,需同时满足两个条件(条件区域设在 B16：C18 单元格区域),条件 1 为"学历为博士,职务为主管";条件 2 为"学历为硕士,职务为副主管"。

　　【解析】操作步骤如图 2.4.24 所示。

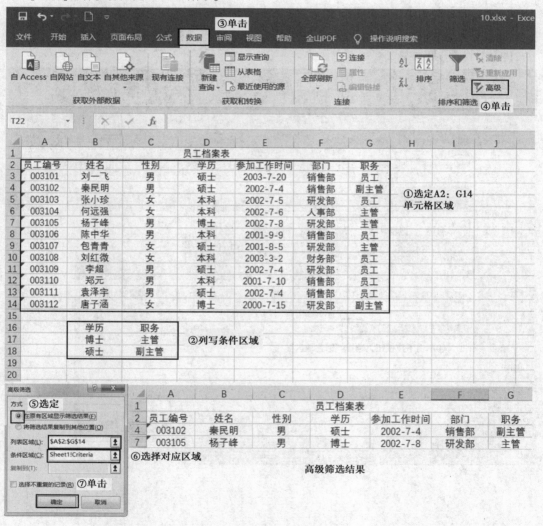

图 2.4.24　高级筛选

▶考点4：数据分类汇总

1.创建分类汇总

在进行分类汇总之前，必须根据分类汇总的数据类对数据清单进行排序。

方法：单击"数据"选项卡下"分级显示"组中的"分类汇总"命令，在打开的"分类汇总"对话框中可设置完成分类汇总。

【经典习题】对"产品销售统计表"数据清单的内容进行分类汇总，汇总计算各地区销售总额（分类字段为"销售地区"，汇总方式为"求和"，汇总项为"销售额"），汇总结果显示在数据下方。

【解析】操作步骤如图2.4.25所示。

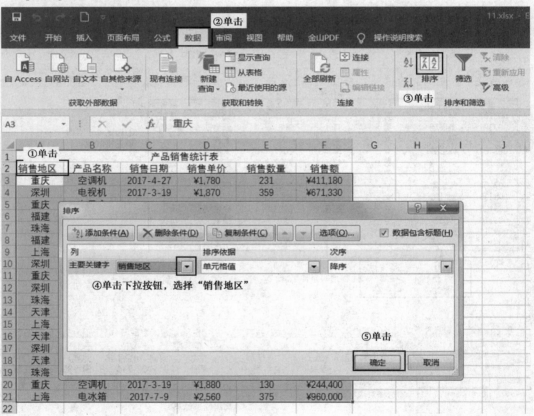

图 2.4.25　分类汇总

2. 删除分类汇总

方法:在"分类汇总"对话框中单击"全部删除"按钮即可删除已创建的分类汇总。

▶**考点 5:数据合并**

数据合并可以把来自不同源数据区域的数据进行汇总,并合并计算。Excel 提供了两种合并计算数据的方法:按位置合并计算和按类合并计算。

1. 按位置合并计算数据

按位置合并计算数据适用于要合并的所有源数据区域中的数据都在相同的相对位置上。

方法:单击"数据"选项卡下"数据工具"组中的"合并计算"按钮,在打开的"合并计算"对话框中可设置完成合并计算。

2. 按类合并计算数据

按类合并计算数据适用于源数据区域是具有不同布局的数据区域,并且计划合并来自包含匹配标志的行或列中的数据。

▶**考点 6:数据透视表的创建**

数据透视表从工作表的数据清单中提取信息,可以对数据清单进行重新布局和分类汇总,还能立即计算出结果。

方法:单击"插入"选项卡下"表格"组中的"数据透视表"按钮,在弹出的下拉列表中选择"数据透视表"选项,在打开的"创建数据透视表"对话框中进行设置后即可创建数据透视表。

【经典习题】现有"产品销售统计表"数据清单,建立数据透视表,显示各类商品在各个地区销售量的总和。

【解析】操作步骤如图 2.4.26 所示。

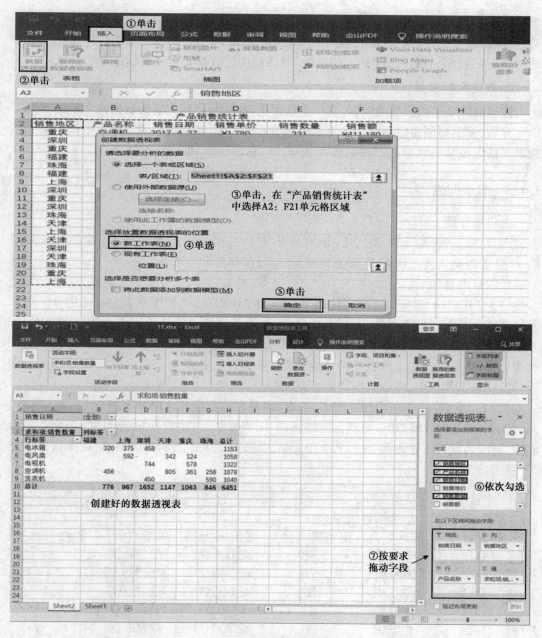

图2.4.26 创建数据透视表

▶考点7：工作表中链接的创建

工作表中的链接包括超链接和数据链接两种情况。

1.创建超链接

超链接可以从一个工作簿或文件快速跳转到其他工作簿或文件，超链接可以建立在单元格的文本或图形上。

方法:选定要建立超链接的单元格或单元格区域,单击"插入"选项卡下"链接"组中的"超链接"按钮,在打开的"插入超链接"对话框中进行设置可完成超链接的创建。

2. 创建数据链接

数据链接是使数据发生关联,当一个数据更改时,与之相关联的数据也会改变。

方法:复制要创建数据链接的单元格或单元格区域,在欲关联的工作表中指定单元格或单元格区域粘贴数据,在"粘贴选项"中选择"粘贴链接"即可。

2.4.5 同步训练

上机操作题

说明:第1—3题为精讲试题,配有操作演示视频供学生参考练习,其基本涵盖了Excel常考的知识点。第4—6题为模拟训练题,供学生自行练习。

1. 题目内容如下:

操作演示

(1)打开"2.4练习"文件夹中的工作簿文件Excel1.xlsx,将工作表Sheet1的A1:F1单元格区域合并为一个单元格,内容水平居中;利用条件格式将进价大于或等于5000的单元格字体设置为深蓝(标准色);利用公式计算"利润"(数字格式为"货币型"),置于F3:F8单元格区域;将当前工作表重命名为"销售情况表",并复制全部内容粘贴到当前工作簿的另一张工作表中,将新工作表命名为"图表"。

操作演示

(2)在"图表"工作表中建立图表,选取"商品名称"列(B2:B8单元格区域)和"利润"列(F2:F8单元格区域)建立分离型三维饼图,图表标题为"销售利润统计图",图例位置为底部,将图表插入工作表的A11:F27单元格区域内;设置图表绘图区格式,图案区域填充为"横虚线"。

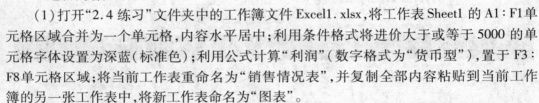

	A	B	C	D	E	F
1	某月份某地区电器销售信息表					
2	商品编号	商品名称	销售量（台）	进价（元）	单价（元）	利润（元）
3	001	电冰箱	56	¥5,000.00	¥8,280.00	
4	002	电视机	79	¥6,740.00	¥10,099.00	
5	003	洗衣机	63	¥1,600.00	¥1,750.00	
6	004	微波炉	47	¥670.00	¥838.00	
7	005	油烟机	38	¥2,300.00	¥2,890.00	
8	006	空调	12	¥5,650.00	¥6,160.00	

2. 题目内容如下:

操作演示

(1)打开"2.4练习"文件夹中的工作簿文件Excel2.xlsx,将工作表Sheet1的A1:H1单元格区域合并为一个单元格,内容水平居中;在"李莎莎"所在单元格插入批注"女,苗族";计算"总分"列的内容,置于G3:G14单元格区域;计算学生总分的排名(利用RANK.EQ函数),置于H3:H14单元格区域;利用表格套用格式将A2:H14单元格区域设置为

"表样式浅色5";将工作表命名为"成绩统计表"。

（2）对"2.4练习"文件夹下Excel2.xlsx工作簿文件中的"成绩统计表"数据清单按总评成绩降序排序;复制全部内容并粘贴到当前工作簿的另一张工作表中,将新工作表命名为"筛选结果",在"筛选结果"工作表中筛选出动漫设计专业总分大于等于320或者英语大于等于90的学生信息。

操作演示

	A	B	C	D	E	F	G	H
1	学生成绩信息表							
2	专业	姓名	语文	英语	高数	计算机	总分	排名
3	网络技术	蒋喜碧	78	73	84	87		
4	网络技术	李玉芳	85	87	81	79		
5	信息管理	秦小东	91	84	87	75		
6	动漫设计	刘超	86	59	90	75		
7	信息管理	李易喜	73	82	42	86		
8	网络技术	陈路	82	92	87	84		
9	软件工程	李莎莎	58	76	64	70		
10	信息管理	赵鹏	79	81	93	89		
11	动漫设计	刘宇	74	94	78	61		
12	软件工程	胡芳	89	79	92	85		
13	动漫设计	康燕珍	85	85	84	96		
14	软件工程	童大伟	70	83	87	81		

3. 题目内容如下:

（1）打开"2.4练习"文件夹中的工作簿文件Excel3.xlsx,该工作簿的工作表中现有"产品销售统计表"数据清单,利用公式计算"金额"（数字格式为"货币型"）,置于F3:F21单元格区域;按主要关键字"销售地区"的升序和次要关键字"产品名称"的降序排序,再对排序后的数据清单内容进行分类汇总,计算各地区所销售产品金额的总和（分类字段为"销售地区",汇总方式为"求和",汇总项为"销售额"）,汇总结果显示在数据下方。

（2）在"产品销售统计表"数据清单所在工作簿的另一张工作表中建立数据透视表,显示各种商品在各个地区每天的总销售额,设置数据透视表内数字为货币型,格式为千分位、保留小数点后两位。

操作演示

操作演示

	A	B	C	D	E	F
1	产品销售统计表					
2	销售地区	产品名称	销售日期	销售单价	销售数量	销售额
3	重庆	空调机	2017-4-27	¥1,780	231	
4	深圳	电视机	2017-3-19	¥1,870	359	
5	重庆	电风扇	2017-3-19	¥298	124	
6	福建	电冰箱	2017-6-16	¥2,560	320	
7	珠海	空调机	2017-5-5	¥1,880	256	
8	福建	空调机	2017-6-16	¥1,880	456	
9	上海	电风扇	2017-6-16	¥298	235	
10	深圳	洗衣机	2017-6-16	¥2,150	450	
11	重庆	电视机	2017-3-19	¥1,870	578	
12	深圳	电冰箱	2017-4-27	¥2,560	458	
13	珠海	洗衣机	2017-3-19	¥2,150	140	
14	天津	空调机	2017-6-16	¥1,880	380	
15	上海	电风扇	2017-3-19	¥298	357	
16	天津	空调机	2017-5-5	¥1,880	425	
17	深圳	电视机	2017-4-27	¥1,870	385	
18	天津	电风扇	2017-7-9	¥298	342	
19	珠海	洗衣机	2017-5-5	¥2,180	450	
20	重庆	空调机	2017-3-19	¥1,880	130	
21	上海	电冰箱	2017-7-9	¥2,560	375	

4.题目内容如下:

(1) 打开"2.4 练习"文件夹中的工作簿文件 Excel4. xlsx:①将 Sheet1 工作表的 A1:F1单元格区域合并为一个单元格,内容水平居中;计算"上升案例数"(保留小数点后 1 位),计算公式为上升案例数=去年案例数*上升比率;给出"备注"列信息(利用 IF 函数),上升案例数大于 50,给出"重点关注",上升案例数小于 50,给出"关注";利用套用表格格式"表样式中等深浅 3"修饰 A2:F7单元格区域。②选择"地区"和"上升案例数"两列数据区域的内容建立"三维簇状柱形图",图表标题为"上升案例数统计图",图例置于底部;将图表插入到 A10:F25 单元格区域,将工作表命名为"上升案例数统计表",保存到 Excel4. xlsx。

(2)打开"2.4 练习"文件夹中的工作簿文件 Excel3. xlsx,对"产品销售统计表"数据清单进行高级筛选,条件为"销售地区为重庆或深圳,销售额大于或等于 100 万元",工作表名不变,保存到 Excel4. xlsx。

5.题目内容如下:

(1)打开"2.4 练习"文件夹中的工作簿文件 Excel5. xlsx:①将 Sheet1 工作表的A1:E1单元格区域合并为一个单元格,内容水平居中;计算"总产量(吨)""总产量排名"(利用 RANK. EQ 函数);利用条件格式"图标集"下"等级"中的"四等级"修饰 D3:D9单元格区域。②选择"地区"和"总产量(吨)"两列数据区域的内容建立"簇状棱锥图",图表标题为"粮食产量统计图",清除图例;将图表插入到 A11:E26 单元格区域,将工作表命名为"粮食产量统计表",保存到 Excel5. xlsx。

(2)对"2.4 练习"文件夹下 Excel5. xlsx 工作簿文件中的"成绩统计表"数据清单的内容进行分类汇总,分类字段为"专业",汇总方式为"平均值",汇总项为"总分",汇总结果显示在数据下方,将执行分类汇总后的工作表仍保存在 Excel5. xlsx 中,工作表名不变。

6.题目内容如下:

(1)打开"2.4 练习"文件夹中的工作簿文件 Excel6. xlsx:①将 Sheet1 工作表的A1:D1单元格区域合并为一个单元格,内容水平居中;计算开发部职工人数,置于 D4 单元格(利用 COUNTIF 函数);计算开发部职工的平均工资,置于 D6 单元格(利用 SUMIF 函数和已求出的开发部职工人数)。②利用条件格式,将"基本工资"列中基本工资高于 8000 的字体格式设置为蓝色;利用表格套用格式将 A2:D8单元格区域设置为"表样式浅色 5",将工作表命名为"人力资源情况表"。

(2)选取 Excel6. xlsx 工作簿文件中"人力资源情况表"的"职工号"列(A3:A8单元格区域)和"基本工资"列(C3:C8单元格区域)的内容建立"簇状条形图",图表标题为"基本工作统计图",图例位置为底部;设置图表绘图区格式,图案区域填充为"白色大理石",将图表插入 A9:F19 单元格区域。

2.5　演示文稿 PowerPoint 2016 的功能和使用

2.5.1　PowerPoint 2016 的基本操作

▶**考点 1**：PowerPoint 2016 的基本功能

PowerPoint 以幻灯片的形式提供了一种演示手段，利用 PowerPoint 可制作集图片、文字、声音、动画、视频、特效于一体的演讲稿。

一张或多张幻灯片构成了演示文稿文件，文件扩展名为. pptx。

1. 启动 PowerPoint 2016

方法 1：选择"开始"菜单→"所有程序"→"Microsoft Office 2016"→"Microsoft PowerPoint 2016"命令。

方法 2：双击桌面上的 PowerPoint 快捷方式图标 。

2. 退出 PowerPoint 2016

方法 1：单击标题栏右侧的"关闭"按钮。

方法 2：选择"文件"菜单下的"关闭"命令。

方法 3：按快捷键"Alt + F4"。

▶**考点 2**：PowerPoint 2016 窗口及其组成

启动 PowerPoint 2016 后，即可打开 PowerPoint 应用程序窗口，如图 2.5.1 所示。窗口由上到下依次由标题栏、选项卡、功能区、快速访问工具栏、幻灯片/大纲浏览窗格、幻灯片编辑区、备注栏、状态栏、视图切换按钮等部分组成。

▶**考点 3**：PowerPoint 2016 的显示视图

PowerPoint 2016 中有普通视图、幻灯片浏览视图、备注视图、阅读视图、母版视图、幻灯片放映视图等多种视图，选择不同的视图显示方式将产生不同的操作界面。启动 PowerPoint 2016 后，默认的视图是普通视图。

提示：该考点为基本概念，不会直接出题考查，考生了解后有助于完成操作。

▶**考点 4**：PowerPoint 2016 演示文稿的打包与打印

1. 演示文稿的打包

打包演示文稿的操作步骤如下：

①打开演示文档，在 PowerPoint 窗口中选择"文件"菜单下的"导出"命令，选择"将演示文稿打包成 CD"选项，单击右侧窗口中的"打包成 CD"按钮，如图 2.5.2 所示。

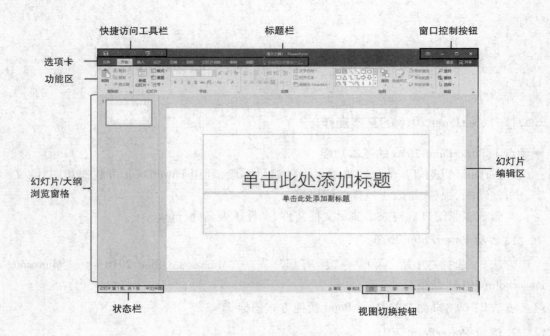

图 2.5.1　PowerPoint 应用程序窗口

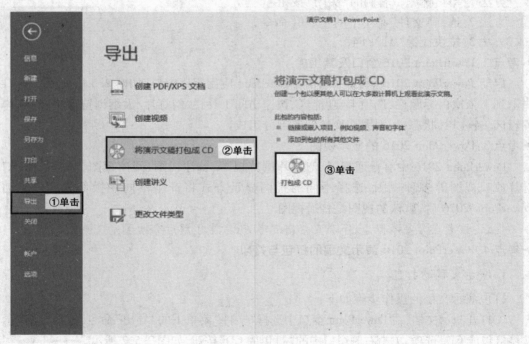

图 2.5.2　演示文稿打包的菜单选择操作

②在打开的"打包成 CD"对话框中,可以选择添加更多的 PPT 文档一起打包,也可以删除不需要打包的 PPT 文档。单击"复制到文件夹"按钮,在弹出的对话框中选择保存的位置,并输入打包后的文件夹名称,系统默认选择了"完成后打开文件夹"的功能,不需要可以取消前面的勾选,如图 2.5.3 所示。

③单击"确定"按钮后,系统会自动完成打包操作,之后将自动打开打包好的 PPT 文件夹,如图 2.5.4 所示。

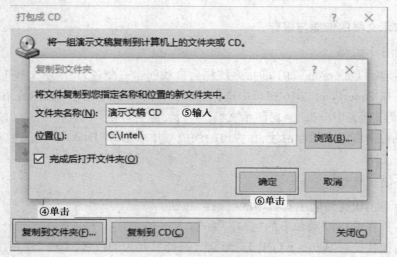

图 2.5.3 确定打包文件夹的名称及保存位置

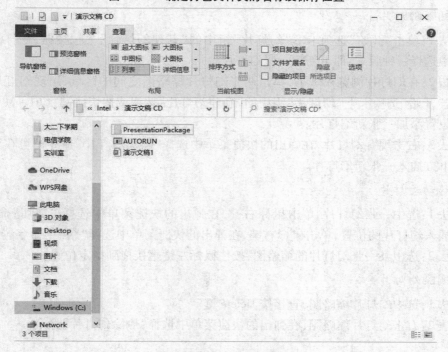

图 2.5.4 打包后的文件

2.演示文稿的打印

演示文稿可以打印成文档,便于演讲时参考、现场分发给观众等。若要打印演示文稿,可选择"文件"菜单下的"打印"命令,通过右侧窗口中的各选项可以设置打印份数、打印范围、打印版式、打印顺序等。

2.5.2　PowerPoint 2016 演示文稿制作

▶考点1:演示文稿的创建与保存

1.新建演示文稿

方法1:启动 PowerPoint 2016 时,系统将会自动创建一个名为"演示文稿1"的文档。

方法2:在 PowerPoint 2016 窗口中选择"文件"菜单下的"新建"命令,在右侧的"可用的模板和主题"列表中单击"空白演示文稿"。

方法3:右击窗口中的空白处,在弹出的快捷菜单中选择"PowerPoint 演示文稿",可新建一个 PPT 文档。

2.保存演示文稿

方法1:单击快速访问工具栏中的"保存"按钮。

方法2:选择"文件"菜单下的"保存"命令。

方法3:按快捷键"Ctrl + S",单击"浏览",选择另存为的位置,单击"保存"按钮。

▶考点2:幻灯片的插入、移动、删除与隐藏

1.插入幻灯片

方法1:单击"开始"选项卡下"幻灯片"组中的"新建幻灯片"下拉按钮,在打开的下拉列表中选择一种版式,即可新建一张幻灯片。

方法2:在幻灯片浏览视图下,单击两张幻灯片缩略图之间的区域,出现幻灯片插入点,单击"开始"选项卡下"幻灯片"组中的"新建幻灯片"按钮或按快捷键"Ctrl + M",可在插入点位置添加一张新幻灯片。

方法3:右击现有幻灯片,在弹出的快捷菜单中选择"新建幻灯片"命令即可在当前幻灯片的下方插入一张新幻灯片。

2.移动幻灯片

方法1:选中一张幻灯片,单击鼠标右键,在弹出的快捷菜单中选择"剪切"命令,单击需要插入幻灯片的位置,单击鼠标右键,在弹出的快捷菜单中选择"粘贴"命令。

方法2:选中某一张幻灯片的缩略图,按住鼠标左键直接拖到指定位置。

3.删除幻灯片

方法1:选中幻灯片缩略图,直接按 Delete 键。

方法2:右击幻灯片缩略图,在弹出的快捷菜单中选择"删除幻灯片"命令。

4.隐藏幻灯片

方法1:选中要隐藏的幻灯片,单击鼠标右键,在弹出的快捷菜单中选择"隐藏幻灯片"命令。

方法2:选中要隐藏的幻灯片,单击"幻灯片放映"选项卡下"设置"组中的"隐藏幻灯片"按钮。

▶考点3:幻灯片中基本元素的编辑

1.插入文本

在占位符中输入文本,如图2.5.5所示。

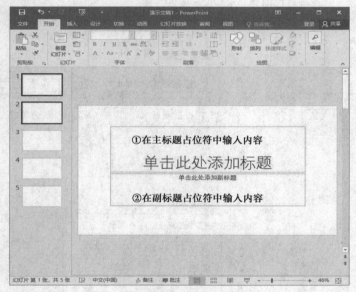

图2.5.5 在占位符中输入文本

插入文本类型的元素:单击"插入"选项卡下"文本"组中的文本框、页眉和页脚、艺术字、日期和时间、幻灯片编号或对象按钮,可插入相应的元素,如图2.5.6所示。

图2.5.6 文本类型的元素

【经典习题1】插入艺术字"美好大学生活",艺术字样式为"渐变填充 – 金色,着色4,轮廓 – 着色4",艺术字字体为"粗体,60磅",艺术字在幻灯片中的位置设置为"水平6.0厘米,自左上角;垂直5.5厘米,自左上角"。

【解析】操作步骤如图2.5.7所示。

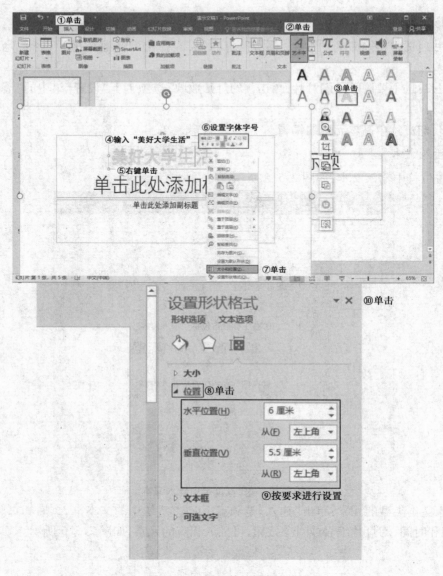

图 2.5.7　插入并编辑艺术字

2. 插入图像

通过 PowerPoint 中"插入"选项卡下"图像"组中的"图片""联机图片""屏幕截图""相册"按钮可插入各种类型的图像,如图 2.5.8 所示。

3. 插入、编辑形状

在 PowerPoint 中经常需要插入一些基本形状,并对形状进行文字添加、大小变化、位置调整等设置。常用方法是右击对象,在快捷菜单中选择打开设置对话框进行相关操作。

图2.5.8 "插入"选项卡下的"图像"组

【经典习题2】在幻灯片中插入形状"云形"，在形状中添加文字"互联网＋"，设置为"居中对齐、楷体、五号、红色、加粗"；形状大小设为高度为"3厘米"，宽度为"4厘米"，旋转"30°，左上角"。

【解析】操作步骤如图2.5.9和图2.5.10所示。

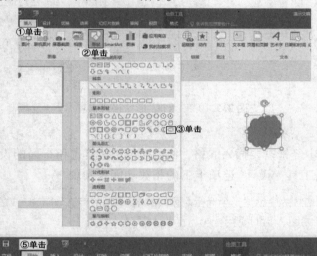

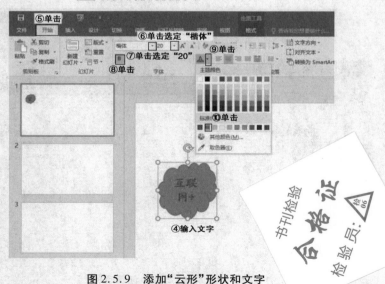

图2.5.9 添加"云形"形状和文字

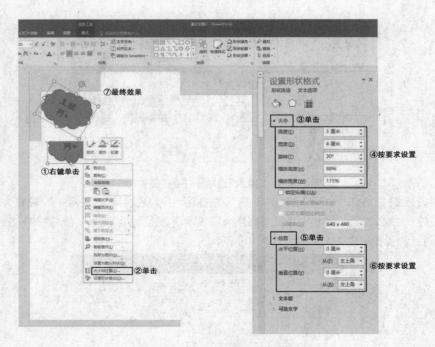

图 2.5.10 "云形"形状格式设置

4. 插入表格

在 PowerPoint 中经常需要插入表格,并对表格进行样式和布局的设置,主要通过"插入"选项卡和"表格工具—设计"选项卡下的相关功能来实现。

【经典习题3】在幻灯片中创建一个 6 行 5 列的表格,表格的样式设置为"浅色样式 2 – 强调 2"。

【解析】操作步骤如图 2.5.11 所示。

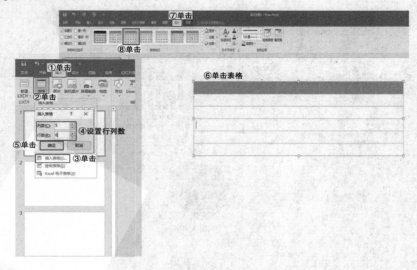

图 2.5.11 在幻灯片中创建表格

5. 插入符号和公式

单击"插入"选项卡下"符号"组中的"符号"按钮可插入符号。

单击"插入"选项卡下"符号"组中的"公式"按钮可插入公式。

6. 插入音频、视频文件

为了使幻灯片更加活泼、生动,在 PowerPoint 中经常需要插入一些音频、视频文件;并对文件进行播放设置,主要通过"插入"选项卡"音频工具—播放"选项卡和"视频工具—播放"选项卡下的相关功能来实现。

【经典习题4】在幻灯片中插入"一起向未来.MP3"音频文件,设置为幻灯片放映时循环播放,且音频按钮不可见。

【解析】操作步骤如图 2.5.12 所示。

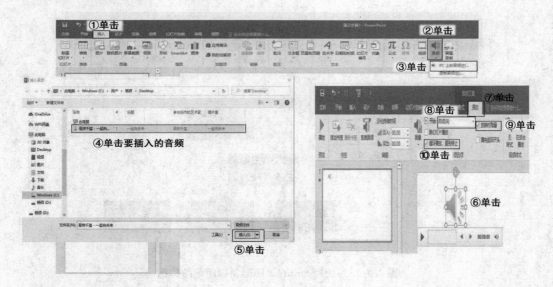

图 2.5.12　在幻灯片中插入音频

▶考点 4:SmartArt 图形的使用

在 PowerPoint 中可以用 SmartArt 图形直观地表现一些用文字描述不清楚的结构关系、流程关系、列表关系等。插入 SmartArt 图形的方法是单击"插入"选项卡下"插图"组中的"SmartArt"按钮。

【经典习题】现有一个公司的组织结构为"总经理、副总经理、三个部门经理",用 SmartArt 图形创建公司的组织结构图。

【解析】操作步骤如图 2.5.13 所示。

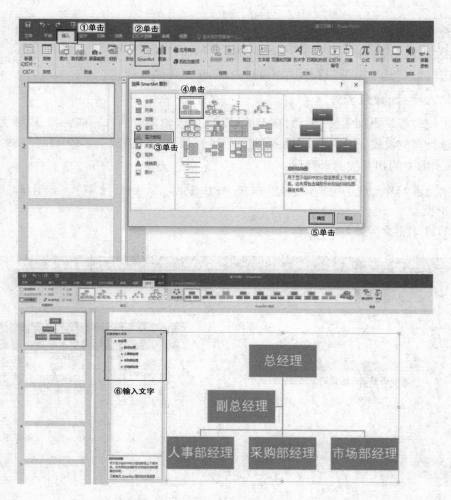

图 2.5.13　使用 SmartArt 图形创建组织结构图

▶考点5:添加批注与备注

1.添加备注

方法1:在普通视图下,单击幻灯片下方标记有"单击此处添加备注"的备注栏,输入想要添加的备注内容。

方法2:选择要添加备注的幻灯片,单击"视图"选项卡下"显示"组中的"备注"按钮,在备注页的方框中输入想要添加的备注内容。

2.添加批注

添加批注的操作步骤如下:选择要添加批注的对象,如"物联网"文本框,再单击"审阅"选项卡下"批注"组中的"新建批注"按钮,在出现的批注框中输入批注内容即可,如图2.5.14所示。

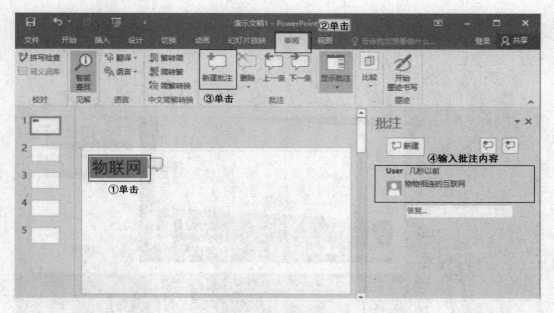

图 2.5.14　添加批注

2.5.3　PowerPoint 2016 演示文稿美化

▶**考点 1：创建母版**

创建母版的操作步骤如下：

①打开 PowerPoint 2016 并新建一个空白的演示文稿。

②单击"视图"选项卡下"母版视图"组中的"幻灯片母版"按钮，进入母版编辑状态，可以设置母版中每张幻灯片的字体、样式、图片、页眉、页脚等内容。

③设置完毕后，单击"幻灯片母版"选项卡下的"关闭母版视图"按钮，选择"文件"菜单下的"保存"命令，在弹出的"另存为"对话框中，输入自定义的文件名，在"保存类型"下拉框中选择"PowerPoint 模板"即可。

▶**考点 2：设计模板的应用**

模板是预先设计好的演示文稿样本，包含多张幻灯片，可用于表达特定的内容，模板中所有幻灯片的外观和风格都保持一致。使用模板创建演示文稿的方法是选择"文件"菜单下的"新建"命令，在右侧的"可用的模板和主题"列表中选择一个模板，单击"创建"按钮即可。

【经典习题】利用主要事件模板快速创建一个 PowerPoint 演示文稿。

【解析】操作步骤如图 2.5.15 所示。

图2.5.15　使用模板创建演示文稿

▶考点3：幻灯片主题与背景设置

1.设置主题样式

打开演示文稿后，在"设计"选项卡下的"主题"组中显示了部分主题内容，单击列表框右下角的"其他"按钮，可展示全部的主题列表，鼠标指针移动到某个主题上，将显示该主题的名称，直接单击某个主题，演示文稿中所有幻灯片都将应用此主题，如图2.5.16所示。

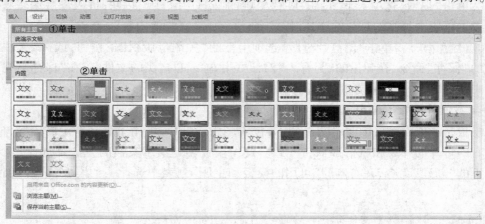

图2.5.16　选择主题样式

2.设置背景格式

背景格式可以设置4项内容：背景颜色、图案填充、纹理填充和图片填充。常用方法是右击需要设置背景格式的幻灯片,在弹出的快捷菜单中选择"设置背景格式"命令,在打开的"设置背景格式"对话框中完成相关设置。

【经典习题】将第二张幻灯片的背景设为"画布"纹理,透明度为60%。

【解析】操作步骤如图2.5.17所示。

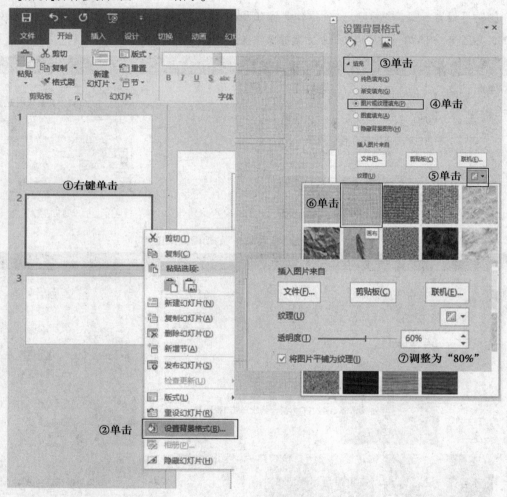

图2.5.17 设置幻灯片背景格式

▶考点4:对象的动画效果设置

在制作演示文稿的过程中,经常需要为幻灯片中的各种对象设置动画效果,使幻灯片的内容以丰富多彩的方式展现出来,既能突出重点,又增加了幻灯片的趣味性。PPT中的动画有4类:"进入"动画、"强调"动画、"退出"动画和"动作路径"动画,通过"动画"选项卡下的相关功能可以实现动画的插入和效果设置。

【经典习题】现有演示文稿的第三张幻灯片中有 3 张图片和标题"校园风光",设置标题"校园风光"进入时的动画效果为"旋转",开始方式为自动,持续时间为 2 秒,延迟时间为 0.5 秒;设置 3 张图片的动画效果为"陀螺旋";清除第一张图片的动画方案。

【解析】设置标题"校园风光"的操作步骤如图 2.5.18 所示,设置 3 张图片的操作步骤如图 2.5.19 所示,清除第一张图片的动画方案的操作步骤如图 2.5.20 所示。

图 2.5.18　标题"校园风光"的动画效果设置

图 2.5.19　3 张图片的动画效果设置

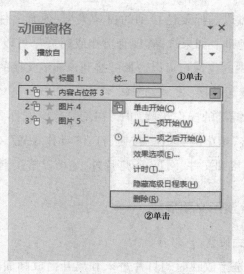

图 2.5.20 清除第一张图片的动画方案

►考点 5:创建超链接

(1)利用"超链接"命令创建超链接

利用"超链接"命令创建超链接的操作步骤如下:

①在幻灯片中选择要建立超链接的对象,单击"插入"选项卡下"链接"组中的"超链接"按钮;或右击要建立超链接的对象,在弹出的快捷菜单中选择"超链接"命令,打开"插入超链接"对话框,如图 2.5.21 所示。

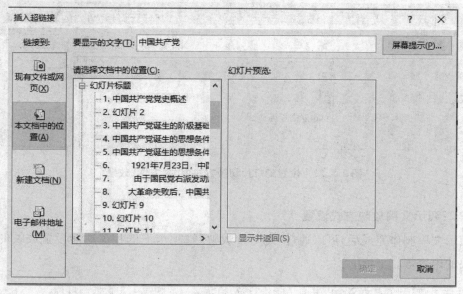

图 2.5.21 "插入超链接"对话框

②在对话框的左侧可以选择要链接到的目录类型：现有文件或网页、本文档中的位置、新建文档、电子邮件地址。如果选择"现有文件或网页"，可以选择链接到计算机中的文件；如果选择"本文档中的位置"，可以选择链接到该演示文稿的某一页幻灯片。

（2）利用"动作"创建超链接

利用"动作"创建超链接的操作步骤如下：在幻灯片中选择要建立超链接的对象，单击"插入"选项卡下"链接"组中的"动作"按钮，打开"动作设置"对话框，在其中选择链接的内容即可，除了可以链接到文件、网页、幻灯片外，还可以链接到程序实现运行功能。

2.5.4　PowerPoint 2016 演示文稿播放

▶考点 1：幻灯片切换方式设置

幻灯片的切换效果是指放映时幻灯片进入和离开播放画面所产生的视觉效果。系统提供了多种切换样式。幻灯片的切换包括幻灯片切换效果（如"揭开"）和切换属性（效果选项、换片方式、持续时间和声音效果），可通过"切换"选项卡下的相关功能进行设置。

【经典习题】设置演示文稿中各幻灯片的切换方式为"立方体"效果，换片方式为"单击鼠标时"。

【解析】操作步骤如图 2.5.22 所示。

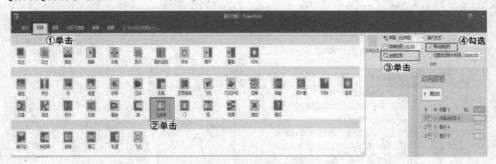

图 2.5.22　设置幻灯片切换方式为"立方体"效果

▶考点 2：演示文稿放映方式设置

演示文稿制作完成后，可以通过"幻灯片放映"选项卡下的相关功能设置放映的方式和放映的内容等。

【经典习题】一个演示文稿中共有 7 张幻灯片，自定义只放映第 1、3、5 张幻灯片。

【解析】操作步骤如图 2.5.23 所示。

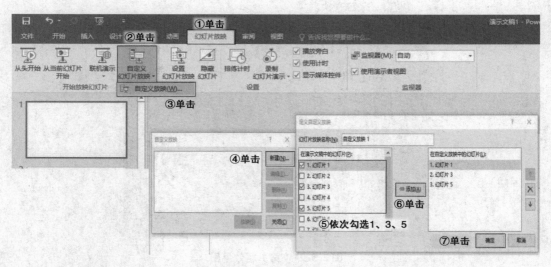

图2.5.23　设置幻灯片放映方式为"自定义放映"

2.5.5　同步训练

上机操作题

说明:第1—3题为精讲试题,配有操作演示视频供学生参考练习,基本涵盖了PowerPoint常考的知识点;第4—6题为模拟训练题,供学生自行练习。

1. 题目内容如下:

新建一个演示文稿,以文件名"PPT综合训练1.pptx"保存在D盘"2.5练习"文件夹中;将第一张默认的幻灯片删除,插入一张空白幻灯片;插入一个横排文本框,输入文字内容"我的大学",字体为"华文中宋",字号为"28"磅,字形为"加粗",字体效果为"阴影";设置幻灯片背景填充纹理为"粉色面巾纸";在幻灯片中添加任意一个剪贴画;插入第二张幻灯片,选择幻灯片版式为"标题与内容";设置标题文字内容为艺术字"个人简介"(艺术字样式与颜色自定);在文本处添加"姓名:李四,性别:男,年龄:21,学历:大专"4行文字内容;设置标题自定义动画为"按字/词自右侧飞入",文本自定义动画为"按段落淡出",剪贴画自定义动画为"自底部飞入";设置所有幻灯片的切换方式为"全黑淡出"。效果如图2.5.24所示。

2. 题目内容如下:

新建一个演示文稿,以文件名"PPT综合训练2.pptx"保存在D盘"2.5练习"文件夹中;删除第一张幻灯片中的占位符,输入文字内容;设置幻灯片的设计主题为"波形";插入第二张幻灯片,输入文字内容;在第二张幻灯片中设置背景格式,在渐变填充项中,预设颜色为"茵茵绿原",类型为"射线";在所有幻灯片的页脚位置插入幻灯片编号和可自动更新的日期,日期格式为"××××/××/××";在第一张幻灯片中插入保存在某个文件中的图片,设置标题的动画样式为"劈裂,中央向左右展开";设置图片的动画效果为

操作演示

操作演示

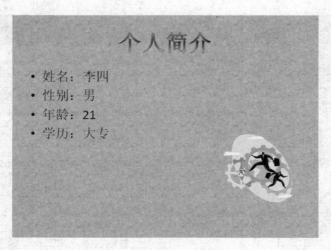

图 2.5.24　第 1 题效果图

操作演示

"自底部飞入";设置所有幻灯片的切换方式为"自左侧擦除",设置自动换片时间为"2秒",取消"单击鼠标时"的勾选。

3. 题目内容如下：

新建一个演示文稿，以文件名"PPT 综合训练 3. pptx"保存在 D 盘"2.5 练习"文件夹中；新建一张幻灯片，版式为"两栏内容"；设置标题的文字内容为"我的朋友"，字号为"66"，字体为"华文彩云"，字体颜色为"红色 RGB(255,0,0)"；设置文本各行的内容分别为"赵云""陈前""牛猛""秦飞""刘兴""古三清"；插入来自文件的图片，设置高度为"6.05厘米"，宽度为"5.96 厘米"，设置图片的动画效果为"弹跳"；设置所有幻灯片的切换方式为"逆时针时钟"，设置自动换片时间为"3 秒"，取消"单击鼠标时"的勾选；为标题创建超链接，链接到百度主页(网址为 www. baidu. com)。

4. 题目内容如下：

新建一个演示文稿，以文件名"PPT 综合训练 4. pptx"保存在 D 盘"2.5 练习"文件夹中，应用设计主题"穿越"；在幻灯片中插入艺术字，文字内容为"个人爱好和兴趣"，字体为"华文新魏"，字号为"60"，字形为"倾斜"，设置艺术字形状样式为"填充 - 无,轮廓 - 强调文字颜色 2"，自定义艺术字的动画为"弹跳"；插入一个竖排文本框，设置文字内容为"我喜欢爬山"，字体为"加粗"，字号为"44"，对齐方式为"右对齐"；插入任意一幅剪贴画，设置剪贴画的自定义动画为"自底部飞入"，时间开始于"上一动画之后"；设置所有幻灯片的切换方式为"溶解"。

5. 题目内容如下：

(1)新建一个演示文稿，以文件名"PPT 综合训练 5. pptx"保存在 D 盘"2.5 练习"文件夹中，使用标题版式，在标题区中输入"重庆高校"，字体为"黑体"，字号为"60 磅"，字形为"加粗"；在副标题中输入就读学校名称，字体为"隶书"，字号为"40 磅"，字形为"加粗"；插入版式为"标题和内容"的新幻灯片，标题内容为"二级院系"，项目分别为"信息工程学院""汽车工程学院""机械工程学院""工商管理学院"；背景填充为渐变填充，预设颜色为"雨后初晴",方向为"线性对角－左下到右上",透明度为"80%"。

（2）插入版式为"标题和竖排文字"的新幻灯片,标题内容为"信息工程学院课程介绍"。文本内容分别为"程序设计基础""网页设计与制作""数据库原理及应用",并将项目符号改为"带填充效果的钻石型项目符号",插入与 Book 相关的剪贴画。

（3）插入版式为"垂直排列标题与文本"的新幻灯片,标题内容为"艺术专业",文本分别为"音乐""美术""影视",去除项目符号,背景为图片或纹理填充为"水滴"纹理。

（4）插入版式为"空白"的新幻灯片,插入一个横排文本框,文本内容为"插入对象和设置对象",字号为"48 磅",改变文本框的宽度,使文字成为两行,行距为 1.5 行,居中对齐。

（5）所有幻灯片的设计主题改为"顶峰"。

（6）在第五张幻灯片中插入一个音频文件,设置为单击时循环播放。

（7）插入版式为"空白"的新幻灯片,插入一个 4 行 4 列的表格,输入文字内容,并设置字体为"黑体",字号为"12 磅",文字水平、垂直居中,外边框为"3 磅实线,深红色",内边框为"3 磅虚线,紫色",效果如图 2.5.25 所示。

（8）在表格的下方插入一张如图 2.5.26 所示的图表。

二级院系	男生人数	女生人数	总人数
信息工程	568	362	930
汽车工程	1500	600	2100
机械工程	825	215	1040

图 2.5.25　插入表格的效果图

总人数关系比例图

图 2.5.26　插入图表的效果图

6. 题目内容如下:

（1）打开 D 盘"2.5 练习"文件夹中的"PPT 综合训练 5.pptx"文件,在图表的下方插入一张与 People 有关的剪贴画,设置图片的高度和宽度都为"5 厘米";在幻灯片的左下角插入一个 4 cm×4 cm 的圆,并设置形状样式为"强烈效果－红色,强调颜色 2",形状效果为"棱台"－"柔圆"。

（2）插入版式为"空白"的新幻灯片,在幻灯片中插入 SmartArt 图形,布局为"基本流程",颜色为"彩色范围 – 强调文字颜色 2 至 3",样式为"砖块场景",设置自定义动画为"退出"下的"形状"。

（3）设置第二张幻灯片 3 秒后自动播放。

（4）将第六张幻灯片中的剪贴画和三维图形组合,设置为播放 2 秒钟后自动从右侧飞入的效果。

（5）设置幻灯片母版,在日期区和页码区添加"××××年××月××日星期×"格式的日期（自动更新）和"第×页"格式的页码。

（6）设置幻灯片放映时绘图笔的颜色为红色。

（7）设置第二张幻灯片的切换方式为"自顶部擦除",第三张幻灯片的切换方式为"水平百叶窗",持续时间为"3 秒"。

（8）设置第五张幻灯片的动画效果为"文本为上浮",开始于"上一动画之后",延迟"1秒"。

（9）在最后一张幻灯片的右下角插入一个动作按钮,单击该按钮时,链接到第一张幻灯片。

（10）将第三张幻灯片设置为隐藏状态,将演示文稿另存为"PPT 综合训练 6. pptx"。

2.6　计算机网络基础及应用

2.6.1　计算机网络基础

▶考点 1：计算机网络的组成、功能和分类

1. 计算机网络的组成

从逻辑功能上可以将计算机网络划分为两部分：一部分是对数据信息进行收集和处理,即资源子网；另一部分专门负责信息的传输,即通信子网,如图 2.6.1 所示。

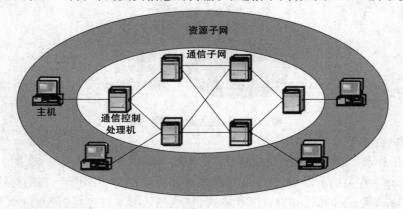

图 2.6.1　计算机网络组成

资源子网主要负责对信息进行加工和处理,是面向用户接受任务并处理任务。其包

括主计算机系统(主机、大型机等)、终端设备(键盘、显示器等)、外部设备(打印机、绘图仪等)和一些软件。

通信子网主要负责网络内信息的传递、交流、控制和通信中的其他处理工作。其主要包括网络节点(交换机、路由器、接收器和发送器等)、通信链路(双绞线、光纤、无线通信信号等)、信号转换设备(调制解调器)等。

2.计算机网络的功能

计算机网络是将不同地理位置且具有独立功能的计算机通过通信设备和线路相互连接起来,实现数据传输和资源共享的系统。因此计算机网络实现的功能包括数据传输、交换和资源共享。

提示:资源共享中的资源包括网络上所有的资源,即硬件、软件、数据等。

3.计算机网络的分类

计算机网络的分类有很多,按照覆盖地理范围的大小分为局域网(LAN)、城域网(MAN)、广域网(WAN)。

局域网(LAN):一般指在方圆几千米以内的一个局部地理范围内(如一个学校、工厂内),将各种计算机、外部设备和数据库等互相连接起来组成的计算机通信网,具有建网、维护、扩展较容易和通信延迟时间短、可靠性较高等特点。

城域网(MAN):指在一个城市范围内所建立的计算机通信网。

广域网(WAN):指跨接很大的地理范围,所覆盖的范围从几十千米到几千千米,它能连接多个城市或国家,或横跨几个洲并能提供远距离通信,形成国际性的远程网络。

【经典习题】计算机网络最大的优点是(　　)。

A. 网上聊天和收发邮件　　　　　　　　B. 运算速度快

C. 存储容量大　　　　　　　　　　　　D. 资源共享和快速通信

【答案】D

【解析】本题考查的是计算机网络的功能,计算机网络的主要功能为资源共享和快速通信。

提示:该考点主要考计算机网络的功能和计算机网络的分类缩写。

▶**考点2:计算机网络的拓扑结构**

计算机网络的拓扑结构是指网络中各个连接节点之间互相连接的几何图形,即连接的方式。一般有以下5种拓扑结构:总线型、星型、树型、环型和网状型。

1.总线型

在总线型拓扑结构中,所有的网络节点都直接连接在同一条传输介质上,这条传输介质称为总线。各个节点都通过这条总线发送信号,同时总线上所有的节点都能接收信号,而且因共享一条总线,一次只能允许一个节点发送信号,其余节点只能接收信号,如

图 2.6.2 所示。

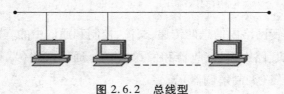

图 2.6.2　总线型

2. 星型

在星型拓扑结构中,网络中各节点通过点到点链路连接到中心节点上,任何两个节点都通过中心节点来实现数据传输和交换,如图 2.6.3 所示。

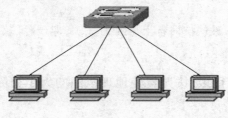

图 2.6.3　星型

3. 树型

在树型拓扑结构中,网络中各个节点按层次进行连接,像树一样,有分支(根分支和子分支),如图 2.6.4 所示。

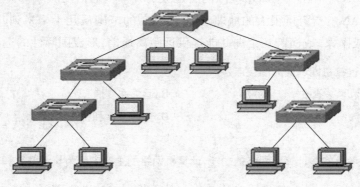

图 2.6.4　树型

4. 环型

在环型拓扑结构中,网络中各个节点通过点到点链路连接成一个闭合的环路。每个节点发送信号沿着环路单向传送。该结构中任何一个节点出现故障都将导致整个网络瘫痪,如图 2.6.5 所示。

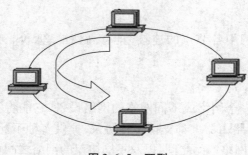

图 2.6.5　环型

5. 网状型

在网状型拓扑结构中,各个节点可以任意连接而也可以不直接连接而通过其他节点进行连接。因此,这种网络的优点是局部的故障不会影响整个网络的正常工作,可靠性高,但结构复杂,如图 2.6.6 所示。

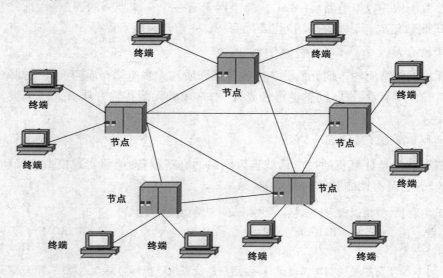

图 2.6.6　网状型

【经典习题】网络中各个节点用中继器进行连接,形成闭合环路,这种结构为(　　)。

A. 总线型　　　　　　　B. 树型　　　　　　　C. 环型　　　　　　　D. 网状型

【答案】C

【解析】本题考查的是拓扑结构的类型,在环型拓扑结构中,多个节点共享一条环路。

▶考点3:网络硬件

网络硬件是计算机网络的物质基础,主要由服务器、交换机、路由器、网卡、传输介质、调制解调器等组成。

1. 服务器

服务器是计算机网络的核心,主要由处理器、硬盘、内存、系统总线等组成,在处理能

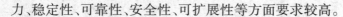

力、稳定性、可靠性、安全性、可扩展性等方面要求较高。

2. 交换机

交换机常用于局域网中各节点的连接,具有高性能、低价格的特点,工作于数据链路层。

3. 路由器

路由器是用于连接多个网络或不同网络的网络设备,它能将不同网络之间的数据信息进行转换。一般来说,路由器大都支持多种协议,提供多种不同的电子线路接口,从而使不同厂家、不同规格的网络产品之间,以及不同协议的网络之间可以进行非常有效的网络互联。

4. 网络接口卡(网卡)

网卡插在每台工作站和服务器主机板的扩展槽里。工作站通过网卡向服务器或其他站点机发出请求,当服务器向工作站传送文件时,工作站也通过网卡接收响应。网卡工作在 OSI 参考模型的数据链路层(MAC),每个网卡有一个全球唯一的 MAC 地址,该地址由 48 位二进制数组成,其中,高 24 位代表厂商,低 24 位代表生产序号。

5. 传输介质

计算机网络常用的传输介质分为有线传输介质和无线传输介质两大类。网络中常用的有线传输介质有双绞线、同轴电缆和光纤等;常用的无线传输介质有无线电波、微波和红外线等。

6. 调制解调器(Modem)

调制解调器是计算机通过电话线连入网络的必备设备,能够实现模拟信号和数字信号之间的转换,具有调制和解调的功能。

【经典习题】计算机以拨号方式接入因特网,用户需要使用( )。

A. U 盘   B. RAM   C. Modem   D. ROM

【答案】C

【解析】本题考查的是调制解调器的作用,用户的计算机以拨号方式连入网络,用户需要使用调制解调器(Modem),实现模拟信号和数字信号之间的转换。

▶考点 4:网络软件

网络软件一般是指包括网络操作系统、网络通信协议和网络服务功能的软件。

1. 计算机网络操作系统

计算机网络操作系统和普通的计算机操作系统一样,是主要用于管理网络的软硬件资源的系统软件。常用的网络操作系统有 UNIX、Windows 系列、Linux 等。

2. 网络协议

网络协议是指为计算机网络中进行数据交换而建立的规则、标准或约定的集合。网络协议由 3 个要素组成:语义、语法和同步。

语义是指用于数据交换传输过程中解释信息每个部分的意义,规定发出的信号、完成的动作和作出的响应。

语法是指数据交换传输过程中数据信息的结构和格式。

同步是指数据传输过程的顺序。

▶考点5:数据通信

数据通信是由通信技术和计算机技术相结合而产生的通信方式。数据通信根据通信线路不同,分为有线数据通信和无线数据通信。

有线数据通信包括电缆通信、光纤通信等。

无线数据通信则包括微波中继通信、卫星通信、移动通信等。

2.6.2 因特网基础

▶考点1:因特网的起源

Internet 译为"因特网",是通过路由器将世界不同地方、不同规模、不同类型的网络互相转接形成的网络,它是世界上最大的互联网,也是一个全球性的互联网络。它起源于1969 年美国国防部高级研究计划局为改善美国政府和国防研究机构之间的通信联系而建立起来的一个实验性通信网络 ARPANet。

▶考点2:IP、TCP 协议

1985 年,ISO(国际标准化组织)研究制订了 OSI(开放系统互联)参考模型,其被广泛运用于网络通信。OSI 模型定义了网络互联的 7 层框架,从上到下依次为应用层、表示层、会话层、传输层、网络层、数据链路层和物理层。

通信协议是通信双方都必须遵守的通信规则,它通常按照结构化的层次方式进行组织。

TCP/IP 协议(Transmission Control Protocol/Internet Protocol,传输控制协议/因特网互联协议)是 Internet 最基本的通信协议。

根据 TCP/IP 协议,人们又研究出 TCP/IP 参考模型,它将网络分为 4 个层次:网络接口层、网络层、传输层和应用层。

(1)IP 协议

IP 协议位于 TCP/IP 参考模型中的网络层,主要将低层传输数据的物理地址转换为IP 地址,并向上层即传输层提供 IP 数据包,实现数据传送,同时也将从上层接收到的数据包传送给更低层。传送的 IP 数据包中包含其发送的源地址和目的地址,路由器则根据其地址进行路径选择,发送到不同的主机。

(2)TCP 协议

TCP 协议位于 TCP/IP 参考模型中的传输层,它是向上层即应用层提供面向连接的通信协议,同时,TCP 协议也确保所发送的数据包完整地接收,一旦数据包丢失或损坏,数据将重新进行传输。

【经典习题 1】在因特网中用于实现计算机相互通信的协议是(　　　)。

A. UDP　　　　　　　　B. TCP/IP　　　　　　　C. Novell　　　　　　　　D. FTP

【答案】B

【解析】本题考查的是 TCP/IP 协议的作用,Internet 中的计算机互相通信采用的协议为 TCP/IP。

【经典习题 2】HTTP 是(　　　)。

A. 域名解析　　　　　B. 超文本传输协议　　　C. 传输控制协议　　　　D. 高级语言协议

【答案】B

【解析】本题考查的是 HTTP 的中文译名,HTTP 为超文本传输协议。

▶考点 3:IPv4 和 IPv6 地址表示

1. IPv4

像每个人都有自己的居住地址一样,Internet 上每个节点也有自己的网络地址。IPv4 (Internet Protocol version 4)地址由一个 32 位二进制数表示,为了便于记忆,将 IP 地址之间用“.”号分隔,分为 4 段,每段 8 位,再转换为十进制数表示,每段的数字范围在 0 ~ 255,如 192.168.44.68。一个 IP 地址分为两部分:网络地址和主机地址。网络地址确定了该台主机所在的物理网络,它的分配必须全球统一;主机地址确定了在某一物理网络上的一台主机,它可由本地分配。

根据网络规模,IP 地址分为 A 到 E 5 类,其中 A、B、C 类称为基本类,用于主机地址,D 类用于组播,E 类保留不用,各类 IP 地址的编址方式如图 2.6.7 所示。

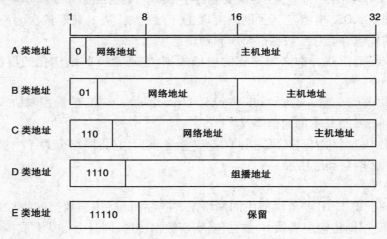

图 2.6.7　IPv4 地址的编址方式

由于 IP 地址的紧缺,在每类地址中又指明了一段专用地址(Private Address)或私有地址。这些地址只能用于一个机构的内部通信,而不能用于互联网通信。根据 IPv4 地址的编址方式,每类地址的地址范围和专用地址的范围见表 2.6.1。

表 2.6.1 各类 IP 地址的范围

网络类别	地址范围	专用地址的范围
A 类	0.0.0.0 ~ 127.255.255.255	10.0.0.0 ~ 10.255.255.255
B 类	128.0.0.0 ~ 191.255.255.255	127.16.0.0 ~ 172.31.255.255
C 类	192.0.0.0 ~ 223.255.255.255	192.168.0.0 ~ 192.168.255.255

【经典习题】下列正确的 IP 地址为(　　　)。

A. 205.113.112.6　　　　B. 205.3.3.3.4　　　　C. 205.205.2　　　　D. 205.259.112.7

【答案】A

【解析】本题考查的是 IP 地址的格式,IP 地址的长度为 32 位,分为 4 段,每一段的范围为 0 ~ 255。

2. IPv6

随着因特网的快速发展,网络用户越来越多,导致 IPv4 地址快要不能满足现有用户的地址分配需求,在这种环境下,IPv6 应运而生,大大地解决了地址资源不足的问题。

IPv6 地址的长度为 128 位,通常分为 8 组,每组为 4 个十六进制数,用":"分隔。例如,FE80:0000:0000:0000:AAAA:0000:00C2:0002(可简记为 FE80::AAAA:0:C2:2)是一个合法的 IPv6 地址。IPv6 的地址空间比 IPv4 增大了 2^{96} 倍,达到 2^{128} 个。

▶考点 4:域名及域名解析过程

1. 域名

域名是由一串用"."分隔的英文字母组成的 Internet 上某一台计算机或计算机组的名称。域名的通常格式:主机名.机构名.网络名.顶层域名。

例如,www.cqu.edu.cn 就是重庆大学一台 WWW 服务器的域名地址。

顶层域名又称最高域名,分为两类:一类通常由三个字母构成,一般为机构名,是国际顶级域名,见表 2.6.2;另一类由两个字母组成,一般为国家或地区的地理名称。

- 机构名称:如 com 为商业机构、edu 为教育机构等。
- 地理名称:如 cn 代表中国、us 代表美国、ru 代表俄罗斯等。

表 2.6.2 国际顶级域名——机构名称

域 名	含 义	域 名	含 义
com	商业机构	net	网络组织
edu	教育机构	int	国际机构
gov	政府部门	org	其他非营利组织
mil	军事机构		

中国的最高域名为 cn,二级域名分为类型域名和行政区域名两类。

(1)类型域名

如 ac. cn 为中国的科研机构,com. cn 为中国的工、商、金融等企业,edu. cn 为中国的教育机构,gov. cn 为中国的政府机构,net. cn 为中国的互联网络服务机构,org. cn 为中国的非营利性组织等。

(2)行政区域名

这类域名适用于我国各省、自治区、直辖市以及特别行政区,如 bj. cn 代表北京市,sh. cn代表上海市,cq. cn 代表重庆市等。

【经典习题】www. abcd. gov. cn 中"gov"指(　　　)。

A. 商业机构　　　　　　B. 教育机构　　　　　　C. 政府机构　　　　　　D. 网络机构

【答案】C

【解析】本题考查的是域名的类型,gov 为二级域名中的政府机构。

2. 域名解析

IP 地址和域名都用于表示主机的地址。当用户通过域名访问网络资源时,都需要获得和这个域名相匹配的 IP 地址,然后通过域名解析服务器(DNS)进行 IP 地址和域名之间的互相转换,用户通过 DNS 可以提取域名,然后又转换为对应的 IP 地址,并将最后的址返回给用户。

▶考点 5:Internet 信息服务种类

1. WWW

WWW 是环球信息网的缩写,英文全称为 World Wide Web,常简称为 Web。WWW 可以让浏览器访问网络服务器上的页面。它基于超文本传输协议 HTTP(Hyper Text Transport Protocol),网页文件采用标准的 HTML(Hyper Text Markup Language)超文本标记语言,以 URL(Uniform Resource Locator,统一资源定位器)作为统一的定位格式。

URL 是用于描述网页的地址和访问网页时所使用的协议。因特网上的网页几乎都可以通过在浏览器地址栏里输入 URL 地址找到。

URL 的格式为协议://IP 地址或域名/路径/文件名,其中协议可以是 HTTP 协议、FTP 协议等;IP 地址或域名是用户要访问的资源所存放的主机地址;路径和文件名是该网页在主机中存放的具体位置。例如,http://ncre. neea. edu. cn/html1/report/16113/1947-1. htm 是中国教育考试网中计算机等级考试大纲的 URL 地址。

2. FTP(File Transfer Protocol,文件传输协议)

文件传输是指在计算机网络中的主机之间传送文件,它是在网络通信协议 FTP 的支持下进行的。

FTP 位于 TCP/IP 参考模型中的应用层,可以在网络上帮助用户将文件从一台计算机传送到另一台计算机上。使用 FTP 时,必须有一个 FTP 账号和密码用于登录,然后进入站点进行下载。

2.6.3　浏览器与电子邮件

▶**考点1：浏览器及搜索引擎的使用**

1. Internet 浏览器

浏览器是用于浏览网页的工具,安装在主机上。常用的浏览器有 Internet Explorer (IE)、Firefox、Safari、QQ 浏览器、360 安全浏览器、搜狗高速浏览器、百度浏览器等。

双击桌面上的 IE 图标或单击快速启动工具栏中的 IE 图标即可启动 IE 浏览器。

启动 IE 后,屏幕上会出现 IE 的主页面,同时也就打开了 IE 窗口,如图 2.6.8 所示。

图2.6.8　IE 窗口

提示:在 IE 的地址栏里输入要访问的网页地址,然后按 Enter 键,就可以打开所对应的网页页面。

2. 搜索引擎的使用

随着信息化、网络化进程的推进,Internet 上的各种信息呈指数级膨胀,面对大量、无序、繁杂的信息资源,信息检索系统应运而生。其核心思想是用一种简单的方法,按照一定的策略,在互联网中搜集、发现信息,并对信息进行理解、提取、组织和处理,帮助用户快速寻找到想要的内容,并将相关内容显示给用户。这种为用户提供检索服务的系统称为搜索引擎。目前存在数量众多的搜索引擎,常用的有全文搜索引擎和目录搜索引擎。

（1）全文搜索引擎

全文搜索引擎:用户可以用逻辑组合方式输入各种关键词,搜索引擎根据这些关键词寻找用户所需资源的地址,然后根据一定的规则反馈包含这些关键词信息的所有网址和指向这些网址的链接给用户,如百度（http://www. baidu. com）和谷歌（http://www. google. com. hk）。例如,通过百度搜索"计算机一级",结果如图 2.6.9 所示。

图2.6.9　百度搜索

（2）目录搜索引擎

目录搜索引擎：以人工方式或半自动方式搜索信息，人工形成信息摘要，并将信息置于事先确定的分类框架中，用户想要寻找需要的信息，可以通过目录逐级查找，如搜狐（http://www.sohu.com）和网易（http://www.163.com）等。

▶考点2：电子邮件的使用

电子邮件也称 E-mail。它是用户或用户组之间通过计算机网络收发信息的服务。目前，电子邮件已成为网络用户之间快速、简便、可靠且成本低廉的现代通信手段，也是 Internet 上使用最广泛、最受欢迎的服务之一。

发送邮件服务器采用了 SMTP（Simple Mail Transfer Protocol，简单邮件传输协议）将用户编写的邮件发送到收件人的邮箱，而接收邮件服务器采用了 POP（Post Office Protocol，邮局协议）将其他人发送的电子邮件暂时保存，直到邮件接收者将邮件从服务器上取到本地机上阅读。

1.邮件地址

使用电子邮件服务的前提是拥有自己的电子邮箱，一般又称为电子邮件地址（E-mail Address）。电子邮件地址的一般形式为 user@mail.server.name，user 为收件人的用户名，mail.server.name 为邮件服务器的域名，即主机名，@ 是连接符。例如，zhangke1@163.com 就是一个标准的电子邮件地址。

2.邮件格式

电子邮件包括两个部分：信头和信体。信头主要包括收件人、抄送、主题等；信体主要包括用户书写的信件内容，也包括邮件附件。

提示：当有多个收信人时，输入的多个收信人地址用英文分号（;）隔开。

3.邮件的使用

电子邮件的使用包括接收邮件和发送邮件。接收、发送邮件可以在网页上进行，也可以在相应的客户端中完成。

（1）通过网页收发邮件

首先打开已申请用户账号的邮箱网页，如 http://mail.sina.com.cn，然后使用用户名和密码登录，就可以进行邮件的接收和发送，如图 2.6.10 所示。

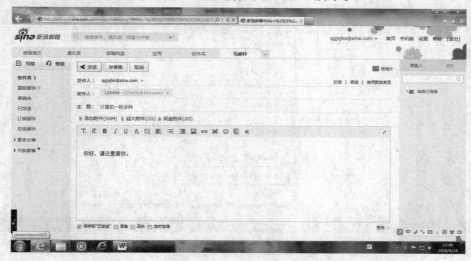

图 2.6.10　邮件的接收与发送

（2）通过客户端（Outlook 2010）收发邮件

在采用客户端收发邮件前，首先要关联电子邮箱，即开启邮箱的 POP 服务和 SMTP 服务。启动 Outlook 2010 后，先要配置账户，选择"文件"菜单下的"信息"命令，单击"账户设置"按钮，选择"账户设置"选项，如图 2.6.11 所示。

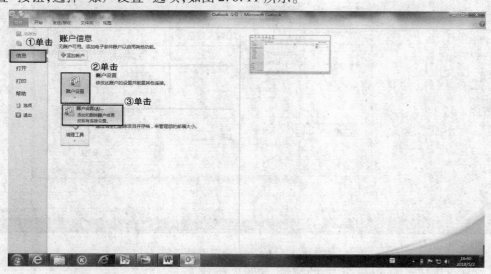

图 2.6.11　账户设置

选择"电子邮件"选项卡，单击"新建"按钮并选择"电子邮件账户"后，单击"下一步"按钮后选择"手动配置服务器窗口"，如图 2.6.12 所示。

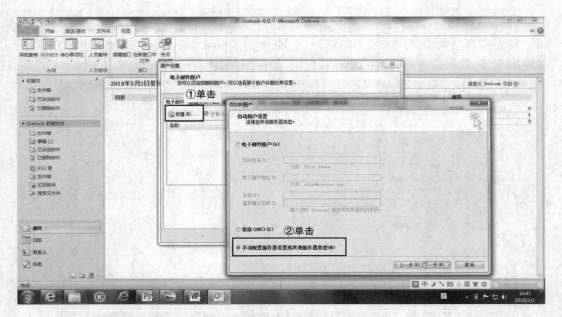

图 2.6.12 新建电子邮件账户

在打开的手动配置服务器设置窗口下,进行 Internet 电子邮件设置,如图 2.6.13 所示。

图 2.6.13 Internet 电子邮件设置

这样就完成了 Outlook 2010 的配置,如图 2.6.14 所示。

配置后的 Outlook 2010 界面如图 2.6.15 所示。

配置用户账号后,在打开的 Outlook 2010 里,就可以进行邮件的接收和发送了,如

图 2.6.16所示。

图 2.6.14　Outlook 2010 配置完成

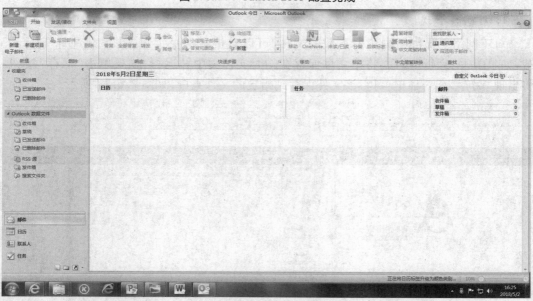

图 2.6.15　Outlook 2010 的界面

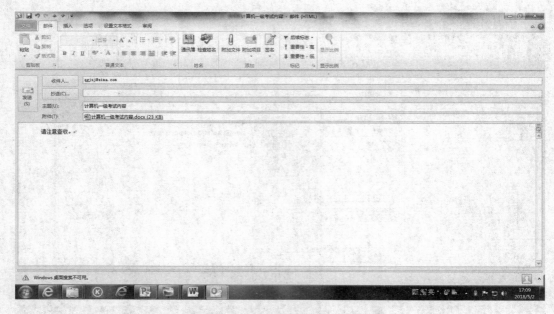

图 2.6.16　通过 Outlook 2010 收发邮件

▶**考点 3：文件传输与下载**

1. 浏览器下载

对于网络上提供给浏览器下载的文件，可以直接在网页上单击"下载地址"进行下载，如果单击"运行"按钮，将把文件保存在临时文件夹中并运行；如果单击"保存"按钮，将出现"另存为"对话框，可将该文件保存到指定的文件夹中，如图 2.6.17 所示。

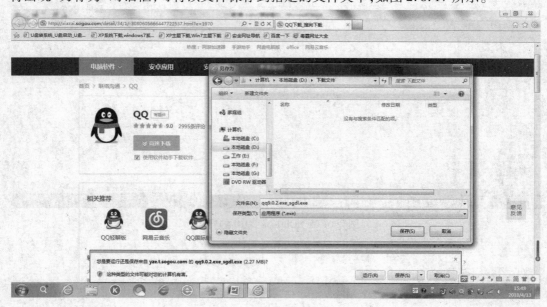

图 2.6.17　文件另存为

2. P2P 传输

P2P(Peer-to-Peer)技术是一种"点对点"的网络文件传输技术。采用 P2P 技术的网络称为 P2P 网络,这种网络弱化了"客户/服务器"模式,网络中只有平等的同级节点,这些节点既充当客户端又可作为服务器,也可以说每台用户机都是服务器。P2P 网络中的每台计算机在下载其他用户文件的同时,还能供其他用户下载本机中的文件,参与下载的用户越多,下载速度就会越快。例如,BT(Bit Torrent)下载就是基于 Internet 的 P2P 传输方式。

2.6.4 信息技术与信息安全

▶考点1:信息技术

信息技术(Information Technology,IT)是用于管理和处理信息所采用的各种技术的总称。信息技术是通过计算机技术、现代通信技术、智能控制技术、传感技术等对数据信息进行获得、传递、显示和存储的技术。

▶考点2:信息素养与知识产权保护

1. 信息素养

信息素养(Information Literacy)是由保罗·泽考斯基在 1974 年提出,是人们面对信息化资源所应具备的能力。信息素养包括文化素养、信息意识和信息技能 3 个方面。

(1)文化素养

人们在面对网络信息资源所显示出的品质、行为、情感等。

(2)信息意识

人们对信息所产生的能动反应,以及对信息的理解、分析、判断能力。

(3)信息技能

人们合理利用、获得、搜集、评估信息的能力。

2. 知识产权保护

知识产权是人们对自己的智力劳动所产生的劳动成果的所有权。知识产权保护是一个复杂工程,涉及各行各业,包括专利、版权、商标、商业等。

随着网络信息化、信息全球化,网络知识产权保护显得尤为重要。网络知识产权保护的对象包括网络上的各类数据、软件、多媒体、数字化作品等。

▶考点3:计算机病毒的概念与特征

1. 计算机病毒的概念

计算机病毒是人为的产物,是通过程序员编制并插入计算机中,企图破坏计算机功能,毁坏计算机数据,影响计算机正常使用并能够自我复制的一组程序代码。

【经典习题】在下列关于计算机病毒的描述中,正确的是(　　)。

A. 计算机病毒是对计算机操作人员造成伤害的病毒

B. 计算机感染病毒后,将使计算机永久性损坏

C. 计算机病毒是一种能自我复制、破坏计算机程序和数据的计算机程序

D. 计算机病毒是由于光盘、U 盘等的表面不干净产生的

【答案】C

【解析】本题考查的是计算机病毒的概念，计算机病毒是人为编制而成、能够进行自我复制、企图破坏计算机数据、影响计算机使用的程序代码。

2. 计算机病毒的特征

（1）繁殖性

计算机病毒可以像生物病毒一样，当运行被感染的程序时，病毒会进行自身复制，自我衍生。

（2）传染性

一旦计算机被感染病毒，病毒就会在这台计算机上进行扩散，计算机中的其他文件也会迅速被感染，同时病毒会通过如 U 盘、移动硬盘、网络等多种渠道进行传播，从而感染更多的计算机。因此，传染性是计算机病毒的基本特征。

（3）破坏性

当计算机感染病毒后，可能会导致计算机运行速度变慢，占用资源增多，屏幕无法显示画面，甚至破坏计算机系统软件，使计算机无法正常工作。

（4）潜伏性

计算机病毒可以长期潜伏在软件和文件中。只有遇到特定的条件，病毒才会发作。

（5）隐蔽性

病毒一般是一些短小精悍的程序或代码，通常附在正常程序中或其他隐蔽的地方，不容易被用户发现。因此，用户需通过杀毒软件或其他方法进行查杀。

（6）可触发性

病毒隐藏于计算机程序中，当用户打开程序或调用程序时，病毒就会被触发。

▶考点 4：计算机病毒的种类

从 1983 年出现第一个计算机病毒以来，世界上已经出现了很多种病毒。

1. 文件型病毒

文件型病毒主要感染计算机中的可执行文件和命令文件，主要感染对象是文件扩展名为 com，exe，ovl，sys 等的文件。病毒通常寄存在文件的首部或尾部，并会修改程序指令。

2. 网络病毒

网络病毒一般是通过计算机网络传播并感染网络中的可执行文件。

3. 引导型病毒

引导型病毒一般表现为感染计算机的启动扇区和硬盘的扇区。

【经典习题】蠕虫病毒属于（　　　）。

A. 文件型病毒　　　　　B. 网络病毒　　　　　C. 引导型病毒　　　　　D. 混合型病毒

【答案】B

【解析】本题考查的是计算机病毒的种类,蠕虫病毒是计算机中常见的病毒,其利用网络进行复制和传播。因此蠕虫病毒为网络病毒。

4. 宏病毒

宏是指各种指令组织在一起,完成特定任务。计算机中的宏是抽象的,在 Word 中,宏是一系列 Word 指令,使人们的日常工作变得更简单、容易。宏病毒是一种寄存在文档或模板的宏中的计算机病毒。

当打开感染了宏病毒的文档文件时,宏病毒就开始破坏和传播。感染宏病毒后将直接导致文档文件不能正常打开和打印,文件名称和存储路径将改变,最终导致无法编辑文档文件。

►考点 5:计算机病毒的传播与预防

1. 计算机病毒的传播

计算机病毒的传播途径很多,主要传播途径有以下 4 类:

- 通过计算机移动设备即存储设备进行传播,包括 U 盘、移动硬盘等。
- 通过计算机硬件设备进行传播,包括集成电路芯片(ASIC)、硬盘等。
- 通过点对点通信系统和无线通道传播。
- 通过计算机网络传播,这是目前病毒传播的主要途径。

【经典习题 1】下列情况中,可能导致计算机感染病毒的是( )。

A. 计算机电源不稳定

B. 使用的移动存储设备的表面不干净

C. 通过键盘输入数据信息

D. 随意安装、运行通过网络下载的、未经杀毒软件检查的软件、文件等

【答案】D

【解析】本题考查的是计算机感染病毒的途径,计算机病毒是人为编制的计算机程序,通过网络传播是主要的传播途径。

2. 计算机病毒预防

计算机病毒预防是指通过合理、有效的体系及时发现病毒,并采取有效手段阻止病毒破坏计算机,以达到保护计算机数据安全的目的。常见的计算机病毒预防措施如下:

- 安装杀毒软件,如 360 杀毒、金山毒霸、瑞星等,定期进行软件更新和全盘杀毒。
- 定期扫描计算机系统漏洞,并及时更新补丁。
- 不使用盗版或来历不明的软件。

对各类软件、文件或程序,需用杀毒软件进行检测,未通过检测的文件不能安装、使用或拷入硬盘。

- 对计算机中的各类重要数据进行备份。

【经典习题 2】计算机防火墙是指( )。

A. 计算机软件

B. 计算机硬件

C. 计算机软件的总称

D. 执行访问控制策略的一组计算机系统

【答案】D

【解析】本题考查的是防火墙的概念,防火墙是为加强计算机安全性而设置的一系列部件的组合。

2.6.5　同步训练

一、单选题

1. (　　)不是计算机网络的主要功能。

A. 数据通信　　　　B. 资源共享　　　　C. 专家系统　　　　D. 均衡负荷

2. 计算机网络中的资源包括硬件、软件和(　　)资源。

A. 系统　　　　　　B. 资金　　　　　　C. 通信　　　　　　D. 数据

3. 局域网中常见的拓扑结构有(　　)。

A. 星型、层次型、关系型　　　　　　　B. 总线型、环型、星型

C. 树型、环型、层次型　　　　　　　　D. 总线型、逻辑型、网状型

4. 一个计算机网络包括(　　)。

A. 传输介质和通信设备　　　　　　　　B. 通信子网和资源子网

C. 用户计算机和终端　　　　　　　　　D. 主机和通信处理机

5. 在 IPv4 协议中,IP 地址由(　　)两部分组成。

A. 网络地址和主机地址　　　　　　　　B. 高位地址和低位地址

C. 掩码地址和网关地址　　　　　　　　D. 因特网地址和局域网地址

6. 在网络通信中,能够实现模拟信号和数字信号之间互相转换的网络设备是(　　)。

A. 交换机　　　　　B. 路由器　　　　　C. 网桥　　　　　　D. 调制解调器

7. 在下列传输介质中,抗干扰性最好、频带最宽的是(　　)。

A. 光纤　　　　　　B. 双绞线　　　　　C. 同轴电缆　　　　D. 电话线

8. 根据(　　)将网络分为广域网、城域网、局域网。

A. 接入的计算机数量　　　　　　　　　B. 接入的计算机类型

C. 拓扑类型　　　　　　　　　　　　　D. 地域范围

9. 网卡是网络的基本物理部件,用于连接(　　)和传输介质。

A. 主机板　　　　　B. 服务器　　　　　C. 计算机　　　　　D. 工作站

10. TCP/IP 可分为应用层、(　　)、网络层和网络接口层。

A. 传输层　　　　　B. 物理层　　　　　C. 表示层　　　　　D. 数据链路层

11. 一栋教学楼内各个教室中的计算机进行连网,这个网络属于(　　)。

A. LAN　　　　　　B. MAN　　　　　　C. WAN　　　　　　D. Internet

12. 在以下 4 张接口图片中,( )是 RJ-45 接口。

A. 　　B. 　　C. 　　D.

13. 在下列表示中,( )是正确的 IPv4 地址。

A. 261.86.1.16　　B. 201.276.1.65　　C. 127.376.1.8　　D. 68.186.0.168

14. 以下不属于无线传输介质的是( )。

A. 微波　　B. 光纤　　C. 红外线　　D. 蓝牙

15. 防火墙一般建立在( )。

A. 内部网络　　　　　　　　B. 内部网络与外部网络的交叉点

C. 外部网络　　　　　　　　D. 以上 3 个都不对

16. Internet 是全球性的互联网络,其前身为( )。

A. ARPANet　　B. ISDN　　C. ETHERNet　　D. NOVELL

17. Internet 是全球性的互联网络,通过( )实现互联。

A. 路由器　　B. 网关　　C. 网桥　　D. 交换机

18. Internet 能够实现网络互联,其最重要的通信协议为( )。

A. HTML　　B. TCP/IP　　C. FTP　　D. HTTP

19. 在下列域名中,属于教育机构的是( )。

A. org　　B. edu　　C. net　　D. com

20. 在电子邮件的发送过程中,需要用到的协议是( )。

A. FTP　　B. HTTP　　C. UDP　　D. SMTP

21. 在 OSI 参考模型中,第一层是( )。

A. 网络层　　B. 表示层　　C. 物理层　　D. 传输层

22. 在因特网中,完成 IP 地址和域名之间的转换服务的是( )。

A. FTP　　B. WWW　　C. DNS　　D. ADSL

23. 计算机病毒是指侵入计算机并在计算机中进行潜伏、传播,破坏计算机正常工作具有繁殖能力的( )。

A. 特殊程序　　B. 源程序　　C. 流行性病毒　　D. 微生物

24. 局域网的英文缩写为( )。

A. WAN　　B. LAN　　C. MAN　　D. DNS

25. 下列关于电子邮件的说法,错误的是( )。

A. 必须知道收件人的邮箱地址　　　　B. 必须有自己的邮箱

C. 必须知道收件人的邮政密码　　　　D. 可以使用 Outlook 管理邮件信息

26. 下列邮件地址格式中正确的是( )。

A. @ jisuanji　　　　　　　　B. xiaoming@ 163. com

C. xiaoming@　　　　　　　　D. xiaoming163. com

27. www. baidu. com 中的"com"称为(　　)。

A. 根　　　　　　B. 顶级域名　　　　　　C. 网址　　　　　　D. 二级域名

28. WAN 的中文译名是(　　)。

A. 广域网　　　　　　B. 无线网　　　　　　C. 城域网　　　　　　D. 局域网

29. 使用百度搜索引擎时,可以搜索的信息包括(　　)。

A. 文档格式　　　　　　B. 网站地址　　　　　　C. 关键词　　　　　　D. 以上均可以

30. 在下列域名中,属于网络部门的是(　　)。

A. . com　　　　　　B. . net　　　　　　C. . gov　　　　　　D. . edu

二、上机操作题

说明:第 1 题为精讲试题,配有操作演示视频供考生参考练习,其基本涵盖了上网操作常考的知识点。第 2 题为模拟训练题,供考生自行练习。

1. 题目内容如下:

(1)打开 IE 浏览器,进入百度主页,输入"计算机一级考试大纲"进行搜索,浏览搜索出的考试大纲内容,并将内容以文本文件格式保存到 D 盘的"2.6 练习"文件夹下,命名为"计算机一级大纲. txt"。

操作演示

(2)打开 sina 邮箱,并发送一封邮件,邮箱地址为 123456@ sina. com。主题为"信息通知",正文内容为"请查收邮件,并仔细阅读,谢谢"。

2. 题目内容如下:

操作演示

(1)在 IE 浏览器的地址栏中输入地址:http://www. bmw. com. cn/zh/index. html,找到宝马汽车的介绍内容,在 D 盘的"2.6 练习"文件夹下新建文本文档"宝马. txt",将网页中有关宝马汽车的内容复制并保存到文件"宝马. txt"中。

(2)打开 sina 邮箱,将邮件进行转发,主题为"事件通知",邮件地址为 45678@ sina. com,在正文内容中输入"请查收并仔细阅读"。

(3)在 IE 浏览器的收藏夹中新建文件夹,命名为"常用网页",并将百度的网址添加到该文件夹中。

2.7　信息技术基础与前沿技术

2.7.1　信息检索基础

▶**考点 1:信息检索的概念、分类和技术**

1. 信息检索概述

当今社会是一个高度信息化的社会,人们每天各项活动的顺利开展,如工作、学习、生活等都离不开大量信息的支持。由此可见,学会信息检索是保证各项活动顺利开展的重要前提。但在学习信息检索之前,要先了解信息检索的基础知识,包括信息检索的概念、分类、发展历程等。

（1）信息检索的概念

信息检索是指将信息按照一定的方式组织和存储起来，并根据用户的需求找出相关信息的过程。

（2）信息检索的分类

信息检索的分类方式有多种，常见的是按检索手段、检索对象、检索途径3种方式来划分。

①按检索手段划分。

● 手工检索：用人工方式查找所需信息的检索方式。检索对象是书本型的检索工具，检索过程由人脑和手工操作配合完成，匹配是人脑的思考、比较和选择。

● 机械检索：利用某种机械装置来处理和查找文献的检索方式。

● 计算机检索：指把信息及其检索标识转换成电子计算机可以阅读的二进制编码，存储在磁性载体上，由计算机根据程序进行查找和输出。

②按检索对象划分。

● 文献检索：以特定的文献为检索对象，包括全文、文摘、题录等。文献检索是一种相关性检索，它不会直接给出用户所提出问题的答案，只会提供相关的文献以供参考。

● 数据检索：以特定的数据为检索对象，包括统计数字、工程数据、用表、计算公式等。数据检索是一种确定性检索，它能够返回确切的数据，直接回答用户提出的问题。

● 事实检索：以特定的事实为检索对象，如有关某一事件的发生时间与地点、人物和过程等。事实检索也是一种确定性检索，一般能够直接提供给用户所需的且确定的事实。

③按检索途径划分。

● 直接检索：指用户通过直接阅读，浏览一次或三次文献，从而获得所需资料的过程。

● 间接检索：指用户利用二次文献或借助检索工具查找所需资料的过程。

2.常用的信息检索技术

● 布尔逻辑程检索：指利用布尔逻辑运算符连接各检索词，然后由计算机进行相应逻辑运算，以找出所需信息的方法。

● 位置算符检索：适用于两个检索词以指定间隔距离或者指定的顺序出现的场合，比如，以词组形式表达的概念；彼此相邻的两个或两个以上的词；被禁用词或用特殊符号分隔的词以及化学分子式等。位置算符是调整检索策略的一种重要手段。

● 截词检索：又称通配符扩展检索，是预防漏检提高查全率的一种常用检索技术。大多数系统都提供截词检索功能，截词是指在检索间的合适位置进行截断，然后使用截词符进行处理，这样既可节省输入的字符数目，又可达到较高的查全率，用某个符号来代替英文单词的一部分，通常用于相同词干或部分拼写相同的词，常用的截词符有 *、? 等。? 代表任意一个字符，* 代表零个或多个字符。

● 字段检索：即把搜索词限定在某个字段进行搜索，字段检索结合逻辑检索可以提高结果的精准度。

● 精确检索：一般理解为尽可能限定检索范围，以最快速度找到自己所需的检索方式。

【经典习题】在搜索引擎中检索信息时,不能使用(　　)符号来筛选出更准确的检索结果。

A. 双引号　　　　　　　B. "＋"号　　　　　　　C. "?"号　　　　　　　D. "－"号

【答案】A

【解析】搜索引擎中检索信息时,常用的截词符有 ＊ 、? 等。? 代表任意一个字符,＊ 代表零个或多个字符,而布尔检索是用逻辑"或"(＋ 、OR)、逻辑"与"(× 、AND)、逻辑"非"(－ 、NOT)等算符在数据库中对相关文献的定性选择方法。

▶考点 2 :搜索引擎

1. 搜索引擎的分类

(1)全文搜索引擎

全文搜索引擎是目前广泛应用的搜索引擎,国外具代表性的全文搜索引擎有 Google、雅虎,而国内比较有名的全文搜索引擎有百度、360、搜狗等。它们都是通过从互联网上提取各网站的文本信息建立数据库,再从这个数据库中检索与用户查询条件相匹配的相关记录,再把这些记录按照一定的排列顺序返回给用户。从搜索结果来源的角度,全文搜索引擎有自己的检索程序,俗称蜘蛛程序或机器人程序,并自行建立网页数据库,搜索结果就直接从自身的数据库中调用。

(2)目录搜索引擎

目录搜索引擎所具备的搜索功能,仅仅是按照类别向用户展示相关网站列表的普通网站而已。目录搜索引擎展示的结果一般是来自人工事先登记过的网站,目录搜索引擎中极具代表的是雅虎。

(3)元搜索引擎

元搜索引擎在接受用户查询请求的时候,会同时在其他多个搜索引擎上进行搜索,并将结果返回给用户,著名的元搜索引擎有 Dogpile 等。在搜索结果排列方面,有的直接按照来源排列搜索结果,有的则按照自定的规则将结果重新排列组合后再返回给用户。

2. 常见的搜索引擎

(1)百度

百度创建于 2000 年 1 月 1 日,可以说百度的发展"历史悠久",至少比起其他搜索引擎是要早得多,20 多年的时间,百度已经荣升为全球最大的中文搜索网站。

(2)360 搜索

360 搜索是奇虎 360 于 2012 年 8 月 16 日推出的,360 公司拥有强大的用户群和流量入口资源,该服务初期采用二级域名,整合了百度搜索、谷歌搜索的内容,可实现平台间的快速切换。

(3)搜狗

搜狗是搜狐的下属公司,成立于 2004 年 8 月 3 日,在 2010 年 8 月 9 日正式成为独立公司。

2.7.2　新一代信息技术

▶考点1：信息技术的相关概念

1. 信息技术

现代信息技术是借助以微电子学为基础的计算机技术和电信技术的结合而形成的手段，对声音的、图像的、文字的、数字的和各种传感信号的信息进行获取、加工、处理、储存、传播和使用的能动技术。它的核心是信息学。现代信息技术包括 ERP、GPS、RFID 等，可以从 ERP 知识与应用、GPS 知识与应用、EDI 知识与应用中了解和学习。现代信息技术是一个内容十分广泛的技术群，它包括微电子技术、光电子技术、通信技术、网络技术、感测技术、控制技术、显示技术等。

2. 数据、信息和消息

数据和信息之间是相互联系的。数据是反映客观事物属性的记录，是信息的具体表现形式。数据经过加工处理之后，就成为信息；而信息需要经过数字化转变成数据才能存储和传输。数据是数据采集时提供的，信息是从采集的数据中获取的有用信息。

在日常生活中，人们经常错误地把信息和消息等同，认为得到了消息，就是得到了信息，但两者其实并不是一回事。消息中包含信息，即信息是消息的阅读者提炼出来的。一则消息中可承载不同的信息，它可能包含非常丰富的信息，也可能只包含很少的信息。

▶考点2：新一代信息技术的主要代表技术

新一代信息技术分为六个方面，分别是下一代通信网络、物联网、三网融合、新型平板显示、高性能集成电路和以云计算为代表的高端软件。

2.7.3　信息素养与社会责任

▶考点1：信息素养

1. 信息素养的基本概念

在不同时期，信息素养具有不同内涵，但随着时间的推移，人们对信息素养的认识越来越丰富。现在基本的共识是信息素养主要表现为信息意识、信息能力、信息道德三个方面，其中信息能力，尤其是信息处理创新能力是信息素养的核心。信息处理创新能力就是能够有效、高效地获取信息，精准、创造性地使用信息，熟练、批判地评价信息，进行研究性的学习和创新实践活动。

为此，信息素养首先是一个人的基本素质，它是传统个体基本素养的延续和拓展，它要求个体必须拥有各种信息技能，能够达到独立自学及终身学习的水平，能够对检索到的信息进行评估及处理并以此做出决策。

2. 信息素养的内涵

从信息素养基本概念和大学生教育的主要特点分析，大学生信息素养内涵应包括如下几个方面。

①信息素养是指把被动信息获取式教育观念转变为主动信息探究式教育观念的一种个人能力,信息素养的提升有利于整合教育方式,从而全方位地促进受教育者能力的发展。

②信息素养既是个体查找、检索、分析信息的信息认识能力,也是个体整合、利用、处理、创造信息的信息使用能力。

③信息认识能力体现为信息意识,信息使用能力体现为信息能力。所以信息意识和信息能力是信息素养的两个方面。

大学生信息素养是在信息使用过程中逐渐形成的习惯性技能,属于底层技能;信息能力是在信息处理过程中形成的个体解决问题的能力,属于高层技能。信息意识与信息能力构成了信息素养,信息素养又会对信息使用与信息处理过程具有反馈作用。信息使用和信息处理依赖于信息源所能够提供的信息量,在社会能够提供足够信息的情况下,个体在对信息的使用与处理过程中形成了信息素养。

3. 信息素养的外在表现

● 运用信息工具:能练使用各种信息工具,特别是网络传播工具。

● 获取信息:能根据自己的学习目标有效地收集各种学习资料与信息,能熟练地运用阅读、访问、讨论、参观、实验、检索等获取信息的方法。

● 处理信息:能对收集的信息进行归纳、分类、存储记忆、鉴别、遴选、分析综合、抽象概括和表达等。

● 生成信息:在信息收集的基础上,能准确地概述、综合、履行和表达所需要的信息,使之简洁明了,通俗流畅并且富有个性特色。

● 创造信息:在多种收集信息的交互作用的基础上,迸发创造思维的火花,产生新信息的生长点,从而创造新信息,达到收集信息的终极目的。

● 发挥信息的效益:善于运用接受的信息解决问题,让信息发挥最大的社会和经济效益。

● 信息协作:使信息和信息工具作为跨越时空的、"零距离"的交往和合作中介使之成为延伸自己的高效手段,同外界建立多种和谐的合作关系。

● 信息免疫:浩瀚的信息资源往往良莠不齐,需要有正确的人生观、价值观、甄别能力以及自控、自律和自我调节能力,能自觉抵御和消除垃圾信息及有害信息的干扰和侵蚀,并且完善合乎时代的信息伦理素养。

▶考点2:信息安全

随着信息技术的不断发展,各种信息也会更多地借助互联网实现共享使用,这就增大了信息被非法利用的概率。因此,信息安全不仅是国家、企业需要关心的内容,也是我们每个人都应该重视的内容。

1. 信息安全基础

信息安全主要是指信息被破坏、更改、泄露的可能。其中,破坏涉及的是信息的可用性,更改涉及的是信息的完整性,泄露涉及的是信息的机密性。因此,信息安全的核心就是要保证信息的可用性、完整性和机密性。

2. 信息安全现状

近年来,信息泄露的事件不断出现,如一些非法组织盗卖或泄露企业员工信息,这些事件都说明我国信息安全目前仍然存在许多隐患。从个人信息现状的角度来看,我国目前信息安全的重点体现在个人信息没有得到规范采集、个人欠缺足够的信息保护意识、相关部门监管力度不够等几个方面。

3. 信息安全面临的威胁

随着信息技术的飞速发展,信息技术为我们带来更多便利的同时,也使得我们的信息堡垒变得更加脆弱。就目前来看,信息安全面临的威胁主要有黑客恶意攻击、网络自身及其管理有所欠缺、因软件设计漏洞或"后门"而产生的问题、非法网站设置的陷阱、用户不良行为引起的安全问题。

4. 自主可控

近年来,我国也在不断完善相关法律,目的就是要坚定不移地按照"国家主导、体系筹划、自主可控、跨越发展"的方针,解决在信息技术和设备上受制于人的问题。

首先,我国信息安全等级保护标准一直在不断地完善,目前已经覆盖各地区、各单位、各部门、各机构,涉及网络、信息系统、云平台、物联网、工控系统、大数据、移动互联等各类技术应用平台和场景,以最大限度确保按照我国自己的标准来利用和处理信息。

其次,信息安全等级保护标准中涉及的信息技术和软硬件设备,如安全管理、网络管理、端点安全、安全开发、安全网关、应用安全、数据安全、身份与访问安全、安全业务等都是我国信息系统自主发展不可或缺的核心,而这些技术与设备大多是我国的企业自主研发和生产的,这也进一步使信息安全的自主可控成为可能。

▶**考点3:信息伦理与社会责任**

1. 信息伦理概述

信息伦理对每个社会成员的道德规范要求是相似的,在信息交往自由的同时,每个人都必须承担同等的伦理道德责任,共同维护信息伦理秩序,这也对我们今后形成良好的职业行为规范有积极的影响。信息伦理是信息活动中的规范和准则,主要涉及信息隐私权、信息准确性、信息产权和信息资源存取权等方面的问题。

【经典习题】信息伦理主要涉及信息隐私权、( )、信息产权、信息资源存取权等方面的问题。

A. 信息准确性 　　　 B. 信息完整性 　　　 C. 信息可用权 　　　 D. 信息存储权

【答案】A

【解析】信息伦理是信息活动中的规范和准则,主要涉及信息隐私权、信息准确性、信息产权和信息资源存取权等方面的问题。

2. 相关的法律法规

在信息领域,仅仅依靠信息伦理并不能完全解决问题,它还需要强有力的法律作支撑。我国于1997年修订的《中华人民共和国刑法》中首次界定了计算机犯罪。其中第二百八十五条的非法侵入计算机信息系统罪,第二百八十六条的破坏计算机信息系统罪,第二百八十七条的利用计算机实施犯罪的提示性规定等,能够有效确保信息的正确使用和解决相关安全问题。

在政策法规层面上,我国自1994年起陆续颁布了一系列法规文件,如《中华人民共和国计算机信息系统安全保护条例》《中华人民共和国计算机信息网络国际联网管理暂行规定》《中国互联网域名注册实施细则》《金融机构计算机信息系统安全保护工作暂行规定》等,这些法规文件都明确规定了信息的使用方法,使信息安全得到了有效保障,也能在公众当中形成良好的信息伦理。

3.社会责任

职业行为自律是一个行业自我规范、自我协调的行为机制,同时也是维护市场秩序、保持公平竞争、促进行业健康发展、维护行业利益的重要措施。

职业行为自律也是个人或团体完善自身的有效方法,是自身修养的必备环节,是提高自身觉悟、净化思想、强化素质、改善观念的有效途径。我们应该从坚守健康的生活情趣、培养良好的职业态度、秉承正确的职业操守、维护核心的商业利益、规避产生个人不良记录等方面,培养自己的职业行为自律思想。职业行为自律的培养途径主要有以下三个方面。

①确立正确的人生观是职业行为自律的前提。

②职业行为自律要从培养自己良好的行为习惯开始。

③发挥榜样的激励作用,向先进模范人物学习,不断激励自己。

除此之外,我们还应该充分发挥以下几种个人特质,逐步建立起自己的职业行为自律标准。

● 责任意识:具有强烈的责任感和主人翁意识,对自己的工作负全责。

● 自我管理:在可能的范围内,身先士卒,做企业形象的代言人和员工的行为榜样。

● 坚持不懈:面对激烈的竞争,尤其是在面临困境或危急的时刻,能够顽强坚持,不轻言放弃。

● 抵御诱惑:有较高的职业道德素养和坚定的品格,能够在各种利益诱惑下做好自己。

2.7.4 现代通信技术

▶考点1:现代通信技术概述

所谓通信,最简单的理解,也是最基本的理解,就是人与人沟通的方法。无论是电话,还是网络,解决的最基本的问题,实际还是人与人的沟通。现代通信技术,就是随着科技的不断发展,采用最新的技术来不断优化通信的各种方式,让人与人的沟通变得更为便捷、有效。

随着电信业务从以话音为主向以数据为主转移,交换技术也相应地从传统的电路交换技术逐步转为基于分组的数据交换和宽带交换,以及向适应下一代网络基于IP的业务综合特点的软交换方向发展。

信息传输技术主要包括光纤通信、数字微波通信、卫星通信、移动通信以及图像通信。

▶**考点2：现代通信技术发展趋势**

未来的一段时间内全球通信系统将形成一个完整的数字化、综合化、智能化、宽带化、个人化、标准化的通信网络。技术的发展和市场需求的变化、市场竞争的加剧以及市场管理政策的放松将使计算机网、电信网、电视网等加快融合为一体，宽带IP技术成为三网融合的支撑和结合点。

未来的通信网络将向宽带化、智能化、个人化方向发展，形成统一的综合宽带通信网，并逐步演进为由核心骨干层和接入层组成、业务与网络分离的构架。

目前，主流的第五代移动通信系统(5G)具有高速率、低时延和大连接等，是实现人机物互联的网络基础设施。

【经典习题】5G的网络架构主要包括5G接入网和5G核心网，其中NG-RAN代表5G(　　)。

A. 核心网　　　　　　　B. 接入网　　　　　　　C. 空口　　　　　　　D. 基站

【答案】B

【解析】5G的网络架构主要包括5G接入网和5G核心网，其中NG-RAN代表5G接入网，5GC代表5G核心网。

考点3：其他通信技术

1. 蓝牙

通俗地讲，蓝牙技术是实现固定设备与移动设备之间短距离数据交换的无线技术。

2. Wi-Fi

Wi-Fi全称Wireless Fidelity，又称802.11b标准。Wi-Fi是一种可以将个人电脑、手持设备等终端以无线方式互相连接的技术，事实上它是一个高频无线电信号。

3. RFID

RFID(Radio Frequency Identification，射频识别)技术，又称无线射频识别，是一种通信技术，俗称电子标签。可通过无线电信号识别特定目标并读写相关数据，而无须识别系统与特定目标之间建立机械或光学接触。

4. NFC

NFC是一种非接触式识别和互联技术，可以在移动设备、消费类电子产品、PC和智能控件工具间进行近距离无线通信。

2.7.5　大数据

▶**考点1：大数据的基本概念和特征**

大数据是一种规模大到在获取、存储、管理、分析方面大大超出了传统数据库软件工具能力范围的数据集合。简单而言，大数据是数据多到爆表。大数据的单位一般以PB衡量。大数据有如下基本特征。

●大体量：具有当前任何一种单体设备难以直接存储、管理和使用的数据量，大数据中所说的"大"也包括数据的全面性。

- 高速度:快速的数据流转和动态的数据变化,数据会随着时间和环境发生变化。
- 多种类:刻画特定事物特征或规律的数据是以多种形式存在的。
- 巨大的数据价值:数据就是资源,许多看似杂乱无章的数据,其潜在蕴含着巨大的价值,数据的价值是由不同的应用目的体现。
- 准确性:也可以称为真实性,即大数据来自现实生活,因此能够保证一定的真实准确性。相对来说,大数据信息含量高、噪声含量低,即信噪比较高。

▶考点2:大数据的开发流程和相关技术

大数据是人类认知世界的技术理念,是在信息技术支撑下,利用全新的数据分析处理方法,在海量、复杂、散乱的数据集合中提取有价值信息的技术处理过程,其核心就是对数据进行智能化的信息挖掘,并发挥其作用。整个大数据处理可分成如下4个主要步骤。

第一步是数据的搜集与存储。

第二步是通过数据分析技术对数据进行探索性研究,包括无关数据的剔除,即数据清洗,寻找数据的模式,探索数据的价值所在。

第三步是在基本数据分析的基础上,选择和开发数据分析算法,对数据进行建模。从数据中提取有价值的信息。

第四步是对模型的部署和应用,即把研究出来的模型应用到生产环境之中。

【经典习题】提取隐含在数据中的、人们事先不知道的但又是潜在有用的信息和知识,这是在描述(　　)技术。

A. 数据清洗　　　　　　B. 数据采集　　　　　　C. 数据展示　　　　　　D. 数据分析与挖掘

【答案】D

【解析】大数据采集是指从各种不同的数据源中获取数据并进行数据存储与管理,为后面的数据分析与建模做准备。数据清洗的目的在于提高数据质量,将脏数据清洗干净,使原数据具有完整性、唯一性、权威性、合法性、一致性等。数据分析与挖掘是指用适当的统计、分析方法对收集来的大量数据进行分析,将它们加以汇总和理解并消化,以求最大化地开发数据的功能,发挥数据的作用。数据展示是指运用计算机图形学和图像处理技术,将数据转换为可以在屏幕上显示出来进行交互处理的方法和技术。其本质是借助于图形化手段,清晰有效地传达与沟通信息。

▶考点3:大数据发展趋势

未来的大数据除了将更好地解决社会问题、商业营销问题、科学技术问题,还有一个可预见的趋势是以人为本的大数据方针。比如,建立个人的数据中心,记录每个人的日常生活习惯、身体体征、社会网络、知识能力、爱好性情、疾病嗜好,情绪波动……换言之就是记录人从出生那一刻起的每一分每一秒,将除了思维外的一切都储存下来,这些数据可以被充分地利用,使得医疗机构、教育机构、服务行业、社交网络、政府、金融机构都能为个人提供更好的帮助和服务。

2.7.6　人工智能

▶**考点1：人工智能概述**

　　人工智能是计算机科学的一个分支，它企图了解智能的实质，并生产出一种新的能以人类智能相似的方式做出反应的智能机器，该领域的研究包括机器人、语言识别、图像识别、自然语言处理和专家系统等。

　　【经典习题】要想让机器具有智能，必须让机器具有知识。因此，在人工智能中有一个研究领域，主要研究计算机如何自动获取知识和技能，从而实现自我完善。这门研究分支学科称为（　　）。

　　A. 专家系统　　　　　　B. 机器学习　　　　　　C. 人工神经网络　　　　D. 模式识别

　　【答案】B

　　【解析】专家系统（Expert System）是一个或一组能在某些特定领域内，应用大量的专家知识和推理方法求解复杂问题的人工智能计算机程序。属于人工智能的一个发展分支，专家系统的研究目标是模拟人类专家的推理思维过程。一般是将领域专家的知识和经验，用一种知识表达模式存入计算机。系统对输入的事实进行推理，做出判断和决策。机器学习就是对计算机一部分数据进行学习，然后对另外一些数据进行预测与判断。机器学习的核心是"使用算法解析数据，从中学习，然后对新数据做出决定或预测"。也就是说计算机利用已获取的数据得出某一模型，然后利用此模型进行预测的一种方法，这个过程跟人的学习过程有些类似，如人获取一定的经验，可以对新问题进行预测。人工神经网络（Artificial Neural Networks, ANNs）是一种模仿动物神经网络行为特征，进行分布式并行信息处理的算法数学模型。这种网络依靠系统的复杂程度，通过调整内部大量节点之间相互连接的关系，从而达到处理信息的目的，并具有自学习和自适应的能力。模式识别就是通过计算机用数学技术方法来研究模式的自动处理和判读，把环境与客体统称为"模式"。

▶**考点2：人工智能应用领域**

　　人工智能学科研究的主要内容包括知识表示、自动推理和搜索方法、机器学习和知识获取、知识处理系统、自然语言理解、计算机视觉、智能机器人、自动程序设计等方面。人工智能的应用领域包括家居、零售、交通、医疗、教育、物流、安防等。

▶**考点3：人工智能核心技术**

　　人工智能的核心技术是计算机视觉、机器学习、自然语言处理、机器人技术和语音识别技术。

　　●计算机视觉：指计算机从图像中识别出物体、场景和活动的能力。

　　●机器学习：专门研究计算机模拟或实现人类的学习行为的方式，以获取新的知识或技能，重新组织已有的知识结构使之不断改善自身的性能。

　　●自然语言处理：用计算机来处理、理解以及运用人类语言，它属于人工智能的一个分支，是计算机科学与语言学的交叉学科。

　　●机器人技术和语音识别技术：机器人技术将机器视觉、自动规划等认知技术整合至极小却高性能的传感器、制动器及设计巧妙的硬件中，这使得新一代的机器人有能力与人类一起工作，能在各种未知环境中灵活处理不同的任务。

2.7.7 云计算

▶**考点1：云计算概念与特点**

云计算是一种基于因特网的超级计算模式，在远程的数据中心里成千上万台电脑和服务器连接成的一片电脑云，用户可以通过电脑、手机等方式接入数据中心，按自己的需求进行运算。云计算是IT基础设施的交付和使用模式，是通过网络以按需、易扩展的方式获得所需的资源。其基本原理：通过使计算分布在大量的分布式计算机上，而非本地计算机或远程服务器中，企业数据中心的运行更与互联网相似。

云计算的特点如下：

● 数据安全可靠：云计算提供了最可靠、最安全的数据存储中心，用户不用再担心数据丢失、病毒侵入等麻烦。

● 客户端要求低：云计算对用户端的设备要求很低，使用起来也更方便。

● 数据共享方便：云计算可以轻松实现不同设备间的数据与应用共享。

● 可能无限多：云计算为我们使用网络提供了几乎无限多的可能，为存储和管理数据提供了无限多的空间，也为我们完成各类应用提供了无限强大的计算能力。

【经典习题】下列不是云计算主要特征的是（　　）。

A. 高扩展性　　　　　B. 高可用性　　　　　C. 高安全性　　　　　D. 实现技术简单

【答案】D

【解析】云计算具有以下特点是虚拟化、规模化整合、高可靠性、高可扩展性、按需服务、成本低。

▶**考点2：云计算的主应用领域**

未来云计算主要应用在医药医疗、制造、金融与能源、电子政务、教育科研、电信等领域。

考点3：云计算技术架构与关键技术

云计算的关键技术有虚拟化、分布式文件系统、分布式数据库、资源管理技术、能耗管理技术。

● 虚拟化：实现云计算重要的技术设施，通过物理主机中同时运行多个虚拟机实现虚拟化，在这个虚拟化平台上，实现对多个虚拟机操作系统的监视和多个虚拟机对物理资源的共享。

● 分布式文件系统：在文件系统基础上发展而来的云存储分布式系统，可用于大规模的集群，主要特点：高可靠性、高访问性、在线迁移、自动负载均衡、元数据和数据分离。

● 分布式数据库：能实现动态负载均衡、故障节点自动接管、具有高可靠性，高可用性、高可扩展性。

● 资源管理技术：云系统为开发商和用户提供了简单通用的接口，使得开发商将注意力更多地集中在软件本身，而无须考虑到底层架构，云系统根据用户的资源获取请求，动态分配计算资源。

● 能耗管理技术：云计算基础设施中包括数以万计的计算机，如何有效地整合资源、降低运行成本、节省运行计算机所需的能源成为一个关注的问题。

2.7.8　物联网

▶考点1:物联网的概念

物联网指的是将无处不在(Ubiquitous)的末端设备(Devices)和设施(Facilities),包括具备"内在智能"的传感器、移动终端、工业系统、楼控系统、家庭智能设施、视频监控系统等和"外在使能"(Enabled)的,如贴上RFID的各种资产(Assets)、携带无线终端的个人与车辆等"智能化物件或动物"或"智能尘埃"(Mote),通过各种无线和/或有线的长距离和/或短距离通信网络连接物联网域名实现互联互通(M2M)、应用大集成(Grand Integration)及基于云计算的SaaS营运等模式,在内网(Intranet)、专网(Extranet)和/或互联网(Internet)环境下,采用适当的信息安全保障机制,提供安全可控乃至个性化的实时在线监测、定位追溯、报警联动、调度指挥、预案管理、远程控制、安全防范、远程维保、在线升级、统计报表、决策支持、领导桌面(集中展示的Cockpit Dashboard)等管理和服务功能,实现对"万物"的"高效、节能、安全、环保"的"管、控、营"一体化。

【经典习题1】物联网具有全面(　　)、可靠传输和智能处理3个主要特征。

A. 感知　　　　B. 了解　　　　C. 认识　　　　D. 收获

【答案】A

【解析】物联网的基本特征有3个,分别是全面感知、可靠传输及智能处理。全面感知:利用无线射频识别(RFID)、传感器、定位器和二维码等手段随时随地对物体进行信息采集和获取。可靠传递是指通过各种电信网络和因特网的融合,对接收到的感知信息进行实时远程传送,实现信息的交互和共享,并进行各种有效的处理。智能处理是指利用云计算、模糊识别等各种智能计算技术,对随时接受到的跨地域、跨行业、跨部门的海量数据和信息进行分析处理,提升对物理世界、经济社会各种活动和变化的洞察力,实现智能化的决策和控制。

▶考点2:物联网的体系结构

物联网的体系结构可以分为感知层、网络层和应用层三个层次。

感知层由各种传感器以及传感器网关技术架构构成,包括二氧化碳浓度传感器、温度传感器、湿度传感器、二维码标签、RFID标签和读写器、摄像头、GPS等感知终端。感知层的作用相当于人的眼耳鼻喉和皮肤等神经末梢,它是物联网识别物体、采集信息的来源,其主要功能是识别物体、采集信息。

网络层由各种私有网络、互联网、有线和无线通信网、网络管理系统和云计算平台等组成,相当于人的神经中枢和大脑,负责传递和处理感知层获取的信息。

应用层是物联网和用户(包括人、组织和其他系统)的接口,它与行业需求结合,实现物联网的智能应用。

▶考点3:物联网的应用领域

物联网的应用领域包括智慧家居、智慧交通、智慧电网、智慧城市、智慧安防、智慧医疗、智慧物流、智能农业等。

▶考点4:物联网的发展趋势

1. 电子与建筑行业是切入点,产业链合力做多

无论是独立程序化操作的自动化洗衣机、空调、电视机,还是各种智能化建筑,电子行业及建筑行业都将是未来物联网发展应该切入的起点和重点。社会各界对物联网"理解"不一,说明其应用范围之广,要挖掘物联网的价值,产业链合力做多是未来的发展趋势。

2. 应用将由分散走向统一

虽然物联网发展仍处于各自为战的状态,但技术的成熟度,为物联网的快速发展提供了物质基础。目前电子元器件技术作为传感网发展的基础,工艺已经成熟,且价格便宜,已经普及开来。另外,物联网的产业分工也非常明确,有专门做电子标签和射频识别的企业,也有专门做各种传感元器件的企业等。随着物联网发展的推动,诸多产业链上的企业,其生产的产品将越来越多地被凝聚在一起,应用将由分散走向统一。

3. 物联网的终极目标

物联网的终极目标是形成覆盖全球物互联的理想状态,在这个目标实现的过程中,物联网的各个局部网应用可先各自发展,最后形成一个事实的标准,从小网联成中网,再由中网联成大网,在此过程中逐渐解决遇到的技术、标准等各种问题。届时,物联网的产业链几乎可以包容现在信息技术和信息产业相关的各个领域。

【经典习题2】工业互联网的核心三要素是人、( )、数据分析软件。

A. 机器   B.计算器   C.计算机   D. 互联网

【答案】A

【解析】工业互联网的核心三要素是人、机器、数据分析软件。工业互联网将带有内置感应器的机器和复杂的软件与其他机器、人员连接起来。例如,将飞机发动机连接到工业互联网中,当机器感应到满足了触发条件和接收到通信信号时,就能从中提取数据并进行分析,从而成为有理解能力的工具,能更有效地发挥出该机器的潜能。

2.7.9　虚拟现实

▶考点1:虚拟现实的概念

虚拟现实技术(VR)是仿真技术的一个重要方向,是仿真技术与计算机图形学、人机接口技术、多媒体技术、传感技术、网络技术等多种技术的集合。虚拟现实技术主要包括模拟环境、感知、自然技能和传感设备等方面。模拟环境是由计算机生成的、实时动态的三维立体逼真图像。感知是指理想的 VR 应该具有一切人所具有的感知。除计算机图形技术所生成的视觉感知外,还有听觉、触觉、力觉、运动等感知,甚至还包括嗅觉和味觉等,也称为多感知。自然技能是指人的头部转动,眼睛、手势或其他人体行为动作,由计算机来处理与参与者的动作相适应的数据,并对用户的输入作出实时响应,并分别反馈到用户的五官。传感设备是指三维交互设备。

▶考点2：虚拟现实的应用领域

　　虚拟现实在教育、军事、工业、航空、医疗、艺术与娱乐等领域都有应用,可以通过虚拟的场景提升人的感受和学习能力,并为人带来更多的便利。

▶考点3：虚拟现实主要开发工具

　　从 VR 开始,出现了各种各样虚拟现实技术的解决方案,看似五花八门,各家的方法方向与侧重点不同,但其实它们的最终目标是一致的。为了实现他们制订的解决方案,他们得制作出实现这种解决方案的硬件系统或软件系统,而实现的软件系统,就是所说的虚拟现实引擎。常见的几种 VR 开发引擎如下：

　　●360°全景虚拟:实现的方式有 Flash 和 Java。其实说它是虚拟现实技术,比较牵强,因为它实际上是一张全景图片,只不过用户可以控制旋转观看而已,但这却成为它的优势。原因就是他的这张图片是全景摄像机拍摄于真实场景(或者渲染出来的图片),绝对真实,虽然不能漫游,只能定点观看,但文件小,制作周期和成本相对较少,所以这对于一些要求真实还原效果却不需要漫游互动等的客户(如酒店等)非常有用。

　　●Vrml 技术:虚拟现实引擎的鼻祖。Vrml 其实是一套虚拟现实语言规范,其特点是文件小,灵活度比较高,适合网络传播,但由于年代较久远,因此画面效果比较差,但对于要放于网络上不是很注重效果的应用(如工业方面),就可以使用它。

　　●虚幻引擎3:由全球顶级游戏 EPIC 公司推出的虚幻引擎,其每个方面都具有比较高的易用性,尤其侧重数据生成和程序编写,这样的话,美工只需要程序员的少量协助,就能够尽可能多地开发游戏的数据资源,并且这个过程是在完全的可视化环境中完成的,实际操作非常便利。与此同时,虚幻引擎3还能够为程序员提供一个具有先进功能的、可扩展性的应用程序框架(Framework),这个框架可以用于建立、测试和发布各种类型的游戏。

　　●Cortona:有专用的建模工具和动画互动制作工具,同样支持导入其他建模软件制作好的模型文件,可以进行优化,文件小,互动较强,比较适合做工业方面的作品。

　　●Bitmanagement Software(BS):画面效果优于 Cortona,但互动性不及它,没有专用建模工具,所以必须用其他建模软件制作的模型,文件比 Cortona 大,操作更简单,所以 BS 比较适合做一些要求不是很高的漫游类作品。

　　●WireFusion(WF):拖放式的可视化编程工具,不需要用户编写任何代码,就可以设计出先进的、交互式动态 3D 网页。使用 Java 技术,跨平台性好,效果不错,文件小,作品适合放在网络上,互动功能已经成为预先定制好的模块,虽然有一定的局限性,但做一些不复杂的互动,可以相当迅速,不支持一些比较复杂的画面效果,所以 WF 比较适合做一些产品展示类作品。

　　●Virtools(VT):起初定义为游戏引擎,但后来却主要用来做虚拟现实。VT 扩展性好,可以自定义功能(只要会编程),可以接外设硬件(包括虚拟现实硬件),有自带的物理引擎。

　　●Quest3D(Q3D):具有类似 VT 的功能模块(不过似乎更琐碎,制作比较复杂),Q3D自带了强大的实时渲染器,画面效果非常好,有的甚至可以跟效果图相媲美。不过文件比

VT 大,适合做单机作品。

● VRP:中国本土大型引擎,中视典公司的力作。经过了好几代的升级,目前已经支持一些累似 HDR 运动模糊的效果。

● Unity(U3D):虚拟现实的后起之秀,自起步起就定义为高端大型引擎,受到业内的广泛关注。起初只可以运行于 Mac 系统,后来扩展到 Windows 系统,U3D 自带了不少的工具,制作方便。

2.7.10 区块链

▶**考点 1:区块链的概念**

从科技层面来看,区块链涉及数学、密码学、互联网和计算机编程等很多科学技术。从应用视角来看,简单来说,区块链是一个分布式的共享账本和数据库,具有去中心化、不可篡改、全程留痕、可以追溯、集体维护、公开透明等特点。这些特点保证了区块链的"诚实"与"透明",为区块链创造信任奠定基础。而区块链丰富的应用场景,基本上都基于区块链能够解决信息不对称问题,实现多个主体之间的协作信任与一致行动。

区块链是分布式数据存储、点对点传输、共识机制、加密算法等计算机技术的新型应用模式。

▶**考点 2:区块链的特征**

1.区块链的核心思想是去中心化

在区块链系统中,任意节点之间的权利和义务都是均等的,所有的节点都有能力去用计算能力投票,从而保证了得到承认的结果是过半数节点公认的结果。即使遭受严重的黑客攻击,只要黑客控制的节点数不超过全球节点总数的一半,系统就依然能正常运行,数据也不会被篡改。

2.区块链最大的颠覆性在于信用的建立

理论上说,区块链技术可以让微信支付和支付宝不再有存在价值。《经济学人》对区块链做了一个形象的比喻:简单地说,它是"一台创造信任的机器"。区块链让人们在互不信任并没有中立中央机构的情况下,能够做到互相协作。未来不再需要打击假币和金融诈骗。

3.区块链的集体维护可以降低成本

在中心化网络体系下,系统的维护和经营依赖于数据中心等平台的运维和经营,成本不可省略。区块链的节点是任何人都可以参与的,每一个节点在参与记录的同时也验证其他节点记录结果的正确性,维护效率提高,成本降低。

【经典习题】区块链技术具备的特性是( )。

A.去中心化   B.不可篡改   C.可追溯   D.共识性

【答案】A

【解析】区块链技术主要有以下 3 个特征:区块链的核心思想是去中心化;区块链最大的颠覆性

在于信用的建立;区块链的集体维护可以降低成本。

▶**考点3:区块链的分类**

　　● 公有区块链(Public Block Chains)是指世界上任何个体或者团体都可以发送交易,且交易能够获得该区块链的有效确认,任何人都可以参与其共识过程。公有区块链是最早的区块链,也是应用最广泛的区块链,各大 bitcoins 系列的虚拟数字货币均基于公有区块链,世界上有且仅有一条该币种对应的区块链。

　　● 行业区块链(Consortium Block Chains)是指由某个群体内部指定多个预选的节点为记账人,每个块的生成由所有的预选节点共同决定(预选节点参与共识过程),其他接入节点可以参与交易,但不过问记账过程(本质上还是托管记账,只是变成分布式记账,预选节点的多少,如何决定每个块的记账者成为该区块链的主要风险点),其他任何人可以通过该区块链开放的 API 进行限定查询。

　　● 私有区块链(Private Block Chains):仅仅使用区块链的总账技术进行记账,可以是一个公司,也可以是个人,独享该区块链的写入权限,本链与其他的分布式存储方案没有太大区别。

▶**考点4:区块链的应用领域**

　　区块链技术一方面助力实体产业,另一方面融合传统金融。

　　在实体产业方面,区块链优化传统产业升级过程中遇到的信任和自动化等问题,极大地增强共享和重构等方式助力传统产业升级,重塑信任关系,提高产业效率。

　　在金融产业方面,区块链有助于弥补金融和实体产业间的信息不对称,建立高效、有价值的传递机制,实现传统产业价值在数字世界的流转。目前区块链技术的应用场景不断铺开,在重塑金融基础设施、金融服务、产品溯源、政务民生、电子存证、数字身份、供应链协同等多个领域都有应用。

▶**考点5:区块链的发展趋势**

　　区块链＋人工智能是下一个发展方向。金融机构利用区块链技术建立链状平台后,可以将人工智能应用到此平台中。具体来说,人工智能可以替代人完成部分决策行为,加深区块链的自动化和智能化程度,从而加快金融机构的工作效率。以商业银行为例,银行建立区块链平台后,可以应用人工智能处理客户的各种需求。当客户提出贷款申请时,区块链平台会自动向人工智能系统提供客户的实时数据,人工智能系统再迅速做出审批。整个过程简单快速,不涉及人为因素,可以在很大程度上节约人工成本和降低操作风险。

　　区块链＋大数据将有广泛的应用。区块链网络中将存储海量的数据,设想将大数据技术引入区块链中,各个节点就能在得到数据的同时对数据进行实时处理,一方面在数据存储上从源头提高了数据质量,另一方面能加快整体交易速度。此外,在金融机构的风险控制过程中,"区块链＋大数据"将提高大数据风控的有效性,在提升数据质量的同时加快风险被识别出的速度,还能预防数据泄漏等安全事故的发生。

2.7.11 同步训练

单选题

1. (　　　)具有图片搜索(支持组图浏览)、地图搜索(支持全国无缝漫游)等功能。

　A. 百度　　　　　　B. 搜狗搜索　　　　　C. 360 搜索　　　　　D. Yahoo

2. 在搜索引擎中检索信息时,不能使用(　　　)符号来筛选出更准确的检索结果。

　A. 双引号　　　　　B. "＋"号　　　　　C. "?"号　　　　　D. "－"号

3. 下列不属于专利信息检索平台的是(　　　)。

　A. 中国知网　　　　　　　　　　B. 万方数据知识服务平台

　C. 百度学术　　　　　　　　　　D. 中国专利信息网

4. 下列不属于国内主流社交媒体的是(　　　)。

　A. 微博　　　　　　B. 抖音　　　　　　C. 飞鸽　　　　　　D. 微信

5. (　　　)是新一代信息技术的集中体现。

　A. 大数据　　　　　B. "互联网＋"模式　C. 云计算　　　　　D. 移动互联网

6. 下列不属于云计算特点的是(　　　)。

　A. 高可扩展性　　　B. 按需服务　　　　C. 高可靠性　　　　D. 非网络化

7. 区块链的主要特征是(　　　)。

　A. 中心化　　　　　B. 匿名性　　　　　C. 不自治性　　　　D. 信息可篡改

8. 下列不属于新一代信息技术与生物医药产业的融合环节的是(　　　)。

　A. 研发环节　　　　B. 生产流通环节　　C. 医疗服务环节　　D. 调研采购环环节

9. 工业互联网的核心三要素是人、(　　　)、数据分析软件。

　A. 机器　　　　　　B. 计算器　　　　　C. 计算机　　　　　D. 互联网

10. 电子信息产品中最核心的部件是(　　　)。

　A. 集成电路　　　　B. 芯片　　　　　　C. 半导体　　　　　D. 服务器

11. (　　　)是一种了解、搜集、评估和利用信息的知识结构。

　A. 信息素养　　　　B. 信息意识　　　　C. 信息能力　　　　D. 信息知识

12. 个人信息隐私、软件知识产权、网络黑客等问题涉及的是(　　　)。

　A. 信息意识　　　　B. 信息知识　　　　C. 信息能力　　　　D. 信息道德

13. 下列不属于职业理念作用的是(　　　)。

　A. 指导职业行为　　　　　　　　B. 感受工作带来的快乐

　C. 促进在职场上进步　　　　　　D. 提高职业收入

14. (　　　)主要是指信息有被破坏、更改、泄露的可能。

　A. 信息道德　　　　B. 信息安全　　　　C. 信息机密　　　　D. 信息破坏

15. 信息伦理主要涉及信息隐私权、(　　　)、信息产权和信息资源存取权等方面的问题。

　A. 信息准确性　　　B. 信息完整性　　　C. 信息可用性　　　D. 信息存储性

16. ETL 是 3 个字母的缩写,分别代表(　　)。

A. 抽取、分析、存储　　　　　　　　B. 清洗、转换、分析

C. 抽取、转换、加载　　　　　　　　D. 分析、展示、加载

17. 提取隐含在数据中的、人们事先不知道的但又是潜在有用的信息和知识,这是在描述(　　)技术。

A. 数据清洗　　　　B. 数据收集　　　　C. 数据展示　　　　D. 数据挖掘

18. (　　)是一个高可靠性、高性能、面向列、可伸缩的分布式存储系统。

A. HBase　　　　　B. Hive　　　　　C. HDFS　　　　　D. YARN

19. (　　)是一个用于生产 ECharts 图表的类库,是一款将 Python 与 ECharts 结合的强大的数据可视化工具。

A. Matplotlib　　　　B. Tableau　　　　C. Pyecharts　　　　D. ECharts

20. AI 的全称是(　　)。

A. Automatic Intelligence　　　　　　B. Artifical Intelligence

C. Automatice Information　　　　　　D. Artifical Information

21. 2016 年 3 月,著名的"人机大战"中,计算机最终以 4∶1 的总比分击败围棋世界冠军、职业九段棋手李世石,这台计算机被称为(　　)。

A. 深蓝　　　　　B. AlphaGo Zero　　　　C. AlphaGo　　　　D. AlphaZero

22. 人工智能的含义最早由一位科学家于 1950 年提出,并且同时提出一个机器智能的测试模型,这位科学家是(　　)。

A. 明斯基　　　　B. 扎德　　　　C. 冯·诺依曼　　　　D. 图灵

23. "中国云计算实践元年"为(　　)年。

A. 2010　　　　　B. 2011　　　　　C. 2012　　　　　D. 2013

24. SaaS 是(　　)的简称。

A. 软件即服务　　　B. 平台即服务　　　C. 基础设施即服务　　　D. 硬件即服务

25. 下列不是云计算主要特征的是(　　)。

A. 高扩展性　　　B. 高可用性　　　C. 高安全性　　　D. 实现技术简单

26. 云计算技术的研究重点是(　　)。

A. 服务器制造　　　B. 资源整合　　　C. 网络设备制造　　　D. 数据中心制造

27. 通过平台为客户提供服务的云计算服务类型是(　　)。

A. IaaS　　　　　B. PaaS　　　　　C. SaaS　　　　　D. 3 个都不正确

28. 话筒在通信系统中称为(　　)。

A. 信宿　　　　　B. 发送设备　　　　C. 接收设备　　　　D. 信源

29. 现代通信所指的信息已不再局限于电话、电报等单一媒体信息,而是将声音、文字、图像、数据等合为一体的(　　)。

A. 数据　　　　　B. 信号　　　　　C. 多媒体信息　　　　D. 图像

30. 近现代通信与古代通信的分割点就是电磁技术的引入,电磁技术最早的应用就是（　　）。

　　A. 电视　　　　　　B. 电话　　　　　　C. 电报　　　　　　D. 广播

31. 4G 时代的主要系统是（　　）。

　　A. CDMA 2000　　　B. LTE　　　　　　C. WCDMA　　　　　D. TD – SCDMA

32. 5G 技术中,用于提升接入用户数的技术是（　　）。

　　A. Massive MIMO　　B. D2D　　　　　　C. MEC　　　　　　D. UDN

33. 5G 的网络架构主要包括 5G 接入网和 5G 核心网,其中 NG – RAN 代表 5G（　　）。

　　A. 核心网　　　　　B. 接入网　　　　　C. 空口　　　　　　D. 基站

34. ZigBee 是一种低功耗的无线网络技术,主要用于（　　）无线连接。

　　A. 近距离　　　　　B. 远距离　　　　　C. 移动　　　　　　D. 高速率

35. Wi-Fi 是一种近距离无线通信技术,能够在百米范围内支持设备互联接入,其使用的通信标准是（　　）。

　　A. IEEE 802.11　　　　　　　　　　　B. IEEE 802.16

　　C. IEEE 802.5　　　　　　　　　　　 D. IEEE 802.20

36. （　　）年,比尔·盖茨在《未来之路》一书中就曾提到了"物联网"的设想。

　　A. 1990　　　　　　B. 1995　　　　　　C. 1996　　　　　　D. 1999

37. 物联网是在（　　）基础上延伸和扩展的网络。

　　A. 互联网　　　　　B. 设备　　　　　　C. 计算机　　　　　D. 系统

38. 物联网具有全面（　　）、可靠传输和智能处理 3 个主要特征。

　　A. 感知　　　　　　B. 了解　　　　　　C. 认识　　　　　　D. 收获

39. 全面感知解决的是人和（　　）世界的数据获取问题。

　　A. 数字　　　　　　B. 时空　　　　　　C. 物理　　　　　　D. 虚拟

40. 可靠传输是实现信息的交互和（　　）,并进行各种有效的处理。

　　A. 流行　　　　　　B. 开放　　　　　　C. 破坏　　　　　　D. 共享

41. 物联网的体系结构主要由（　　）、网络层和应用层 3 个层次组成。

　　A. 感知层　　　　　B. 设备层　　　　　C. 软件层　　　　　D. 系统层

42. 感知层是物联网的基础,是让物品"（　　）"的先决条件,是联系物理世界与虚拟信息世界的纽带。

　　A. 说话　　　　　　B. 行动　　　　　　C. 听到　　　　　　D. 看到

43. 物联网网关是连接（　　）网络与传统通信网络的纽带。

　　A. 感知　　　　　　B. 设备　　　　　　C. 软件　　　　　　D. 系统

44. 按人类接收信息的渠道,可以将媒体划分为（　　）。

　　A. 图、文、声、像等媒体

　　B. 听觉媒体、视觉媒体、触觉媒体、其他知觉媒体

C. 符号、图形、图像、视频、动画、声音等

D. 符号类媒体和非符号类媒体

45. 下列媒体中属于视觉媒体的是(　　)。

①动画　②视频影像　③符号　④音乐

A. ①③④　　　　　　　B. ①②④　　　　　　C. ①②③　　　　　　D. 全部都是

46. 决定数码照相机成像质量的是(　　)。

A. CCD 像素数　　　　　　　　　　　　B. 存储容量

C. 色彩深度　　　　　　　　　　　　　D. 模/数转换器

47. 下列属于图形图像编辑与制作软件的是(　　)。

A. Animate　　　　　　B. Premiere　　　　　　C. Cakewalk　　　　　　D. Photoshop

48. 下列属于视频文件格式的是(　　)。

A. JPG　　　　　　　　B. AU　　　　　　　　C. ZIP　　　　　　　　D. AVI

49. 使用录音机录制的声音文件格式为(　　)。

A. MIDI　　　　　　　　B. WAV　　　　　　　C. MP3　　　　　　　D. CD

50. 区块链技术具备的特性是(　　)。

A. 去中心化　　　　　B. 不可篡改　　　　　C. 可追溯　　　　　D. 共识性

51. 数字货币的账户体系是通过(　　)机制实现的。

A. 外部账户　　　　　B. 合约账户　　　　　C. UXTO　　　　　D. 传统账户体系

第3部分 全真模拟试题

一级考试模拟试题（1）

答案及解析

一、单选题

1. 计算机的硬件主要包括中央处理器、存储器、输出设备和（　　）。

A. 键盘　　　　　B. 鼠标　　　　　C. 输入设备　　　D. 显示器

2. 数码相机里的照片可以利用计算机软件进行处理，计算机的这种应用属于（　　）。

A. 图像处理　　　B. 实时控制　　　C. 嵌入式系统　　D. 辅助设计

3. 一个完整的计算机系统应该包括（　　）。

A. 主机、键盘和显示器　　　　　　　B. 硬件系统和软件系统

C. 主机和它的外部设备　　　　　　　D. 系统软件和应用软件

4. 控制器的功能是（　　）。

A. 指挥、协调计算机各相关硬件工作

B. 指挥、协调计算机各相关软件工作

C. 指挥、协调计算机各相关硬件和软件工作

D. 控制数据的输入和输出

5. 在关于存取存储器（RAM）的叙述中，正确的是（　　）。

A. 存储在 SRAM 或 DRAM 中的数据在断电后将全部丢失且无法恢复

B. SRAM 的集成度比 DRAM 高

C. DRAM 的存取速度比 SRAM 快

D. DRAM 常用来作为 Cache

6. 下列不是存储器容量单位的是（　　）。

A. Byte　　　　　B. GB　　　　　　C. MIPS　　　　　D. KB

7. 计算机指令主要存放在（　　）。

A. CPU　　　　　B. 内存　　　　　C. 硬盘　　　　　D. U 盘

8. 计算机软件的确切含义是（　　）。

A. 计算机程序、数据与相应文档的总称

B. 系统软件与应用软件的总和

C. 操作系统、数据库管理软件与应用软件的总和

D. 各类应用软件的总称

9.操作系统将 CPU 的时间资源划分成极短的时间片,轮流分配给各终端用户,使终端用户单独分享 CPU 的时间片,有独占计算机的感觉,这种操作系统称为(　　　)。

　　A.实时操作系统　　　　B.批处理操作系统　　C.分时操作系统　　　　D.分布式操作系统

10.组成计算机指令的两部分是(　　　)。

　　A.数据和字符　　　　　　　　　　　B.操作码和地址码

　　C.运算符和运算数　　　　　　　　　D.运算符和运算结果

11.十进制数 18 转换成二进制数是(　　　)。

　　A.010101　　　　　　　B.101000　　　　　　　C.010010　　　　　　　D.001010

12.在标准 ASCII 编码表中,数字、小写英文字母和大写英文字母的前后次序是(　　　)。

　　A.数字、小写英文字母、大写英文字母　　B.小写英文字母、大写英文字母、数字

　　C.数字、大写英文字母、小写英文字母　　D.大写英文字母、小写英文字母、数字

13.根据汉字国标 GB 2312—80 的规定,一个汉字的内码码长为(　　　)。

　　A.8bit　　　　　　　　B.12bit　　　　　　　　C.16bit　　　　　　　　D.24bit

14.以.jpg 为扩展名的文件通常是(　　　)。

　　A.文本文件　　　　　　B.音频信号文件　　　　C.图像文件　　　　　　D.视频信号文件

15.对声音波形采样时,采样频率越高,声音文件的数据量(　　　)。

　　A.越小　　　　　　　　B.越大　　　　　　　　C.不变　　　　　　　　D.无法确定

16.综合业务数字网的优点是既可以上网又可以通话,它的缩写为(　　　)。

　　A.ISP　　　　　　　　　B.ADSL　　　　　　　　C.TCP　　　　　　　　D.OSI

17.有一组域名为 adfd . edu. cn,此域名表示(　　　)。

　　A.商业机构　　　　　　B.教育机构　　　　　　C.政府机构　　　　　　D.军事部门

18.在 IE 浏览器中查看某一学校的主页,需要知道(　　　)。

　　A.该学校的电子邮箱　　　　　　　　B.该学校的地址

　　C.该学校的 WWW 地址　　　　　　　D.该学校领导的电子邮箱

19.Internet 起源于美国,其最开始是(　　　)。

　　A.NCPC　　　　　　　　B.CERNet　　　　　　　C.GBNKT　　　　　　　D.ARPANet

20.为防止 U 盘病毒传染,应该做到(　　　)。

　　A.U 盘不存储可执行文件

　　B.没有感染病毒的 U 盘不要与来历不明的 U 盘放在一起

　　C.不复制来历不明的 U 盘中的程序、文件

　　D.长久不用的 U 盘需要格式化

二、基本操作题

1.在"2.2 模拟题"文件夹下的"ZHOU"文件夹中新建一个"RONG. dbf"文件。

2.删除"2.2 模拟题"文件夹下"CHEN"文件夹中的"QIONG. docx"文件。

3.将"2.2 模拟题"文件夹下"XIE"文件夹中的"YONG. pptx"文件复制到本文件夹中,并将该文件的名称改为"MEI. pptx"。

操作演示

4. 将"2.2 模拟题"文件夹下"TAN"文件夹中的"QING. txt"文件设置为存档和只读属性。

5. 为"2.2 模拟题"文件夹下的"LI"文件夹创建快捷方式。

三、字处理题

将"2.3 模拟题"文件夹下的"素材 1. docx"文件中的内容复制（或者插入）到"WORD1. docx"文件中，然后按照以下要求完成操作并以该文件名（WORD1. docx）保存。

1. 将标题段文字"第三代计算机网络——计算机互联网"设置为楷体、四号、红色，蓝色的双下画线、绿色边框（边框颜色为自定义颜色，红色:0，绿色:128，蓝色:0）、黄色底纹、阴影（预设:左下斜偏移）居中，段后间距 0.6 行，字符间距加宽 1 磅。

2. 将正文各段文字"第三代计算机网络……计算机网络的普及和发展。"的中文字体设置为仿宋，西文字体设置为 Arial；左右各缩进 1 字符，行间距为 1.2 倍；首行缩进 2 字符；将第二段首字下沉 2 行。

3. 设置文档页面的上、下边距各为 2.2 厘米，左、右边距各为 2.8 厘米，装订线位置为上，1 厘米；纸张大小为 16 开。

4. 为正文添加文字水印，内容为"计算机网络"，字体设置为红色、隶书、105 磅。

5. 将文中后 6 行文字转换为一个 6 行 4 列的表格。设置表格居中，表格第一、二、四列列宽均为 2 厘米，第三列列宽为 2.3 厘米，行高为 0.8 厘米。

6. 在表格的最后一列右侧增加一列，列宽为 2 厘米，列标题为"总分"，分别计算每人的总分并填入相应的单元格内；设置表格中所有的文字为中部居中；设置表格外框线为 3 磅、蓝色、单实线，内框线为 1 磅、红色、单实线，第一行的底纹设置为灰色（自定义标签的颜色，红色:192，绿色:192，蓝色:192）。

四、电子表格题

1. 在"2.4 模拟题"文件夹下打开"EXCEL1. xlsx"文件:（1）将 Sheet1 工作表的 A1:G1 单元格合并为一个单元格，内容水平居中；计算 2015 年和 2016 年产品销售总量分别置于 B15 和 D15 单元格内，分别计算 2015 年和 2016 年每个月销售占各自全年总销量的百分比（百分比型，保留小数点后 2 位），分别置于 C3:C14 单元格区域和 E3:E14 单元格区域；计算"同比增长率"列的内容[同比增长率 =（2016 年销量 – 2015 年销量）/2015 年销量，百分比型，保留小数点后 2 位]，置于 F3:F14 单元格区域；同比增长率大于或等于 10% 的月份在备注栏内填"较快"信息，其他填"一般"信息（利用 IF 函数），置于 G3:G14 单元格区域内；利用条件格式将 D3:D14 单元格区域单元格数值高于 2000 的单元格字体设置为红色。（2）选取"月份"列（A2:A14）和"同比增长率"列（F2:F14）建立"簇状柱形图"，图表标题位于图表上方，图表标题为"同比增长率统计图"，图例位于底部；将图表插入到A17:E32 单元格区域，将工作表命名为"产品销售统计表"，保存"EXCEL1. xlsx"文件。

2. 在"2.4 模拟题"文件夹下打开工作簿文件"EXC1. xlsx"，对工作表"图书销售情况表"内数据清单的内容按主要关键字"季度"的升序和次要关键字"经销部门"的降序排序,排序后的工作表还保存在"EX1.xlsx"工作簿文件中,工作表名不变。

五、演示文稿题

打开"2.5模拟题"文件夹下的"YSWG1.pptx"文件,然后按照以下要求完成操作并以该文件名保存。

操作演示

1.在第二张幻灯片的主标题处输入"冰清玉洁'水立方'",字体设置为楷体、63磅、加粗、红色(请用自定义标签的颜色,红色:245,绿色:0,蓝色:0);在副标题处输入"奥运会游泳馆",字体设为宋体、37磅。将第三张幻灯片的版式设置为"两栏内容",图片放在右侧内容区域。第一张幻灯片中插入样式为"填充–无,轮廓–强调文字2"的艺术字"水立方"(位置为水平:10厘米,度量依据:左上角,垂直:1.5厘米,度量依据:左上角),并将右侧的文本移到第三张幻灯片的左侧内容区域。将第二张幻灯片的图片移到第一张幻灯片的右侧区域。

2.将第一张幻灯片中的文本内容的动画效果设置为"进入—至左侧飞入",图片的动画效果设置为"进入—弹跳";动画顺序为先图片后文本。

3.使第二张幻灯片成为第一张幻灯片。使用"波形"主题修饰全文,全部幻灯片切换效果设为"擦除"。

六、上网题

操作演示

1.向朋友发送邮件,要求收件人:lily@163.com,主题:风景照片,内容:现将照片发给你。

2.打开浏览器,进入www.baidu.com主页搜索,输入"计算机品牌",浏览"品牌内容",并将它以文本文件格式保存到D盘"2.6模拟题"文件夹下,命名为"计算机品牌介绍.txt"。

一级考试模拟试题(2)

答案及解析

一、单选题

1.计算机之所以能按人们的意图自动进行工作,最直接的原因是采用了(　　　)。

A.二进制　　　　　　B.高速电子元件　　　C.程序设计语言　　　D.存储程序控制

2.计算机技术应用广泛,以下属于科学计算应用领域的是(　　　)。

A.图像信息处理　　　B.视频信息处理　　　C.火箭轨道计算　　　D.信息检索

3.组成微型计算机主机的部件是(　　　)。

A.内存和硬盘　　　　　　　　　　　B.CPU、显示器和键盘

C.CPU和内存　　　　　　　　　　　D.CPU、内存、硬盘、显示器和键盘

4.在计算机中,负责指挥计算机各部分自动协调一致地进行工作的部件是(　　　)。

A.运算器　　　　　　B.控制器　　　　　　C.存储器　　　　　　D.总线

5.在下列叙述中,错误的是(　　　)。

A.内存储器一般由ROM和RAM组成

B. RAM 中存储的数据一旦断电就全部丢失

C. CPU 不能访问内存储器

D. 存储在 ROM 中的数据断电后也不会丢失

6. 下列不是存储器容量单位的是(　　　)。

A. KB   B. MB   C. GHz   D. GB

7. 摄像头属于(　　　)。

A. 控制设备   B. 存储设备   C. 输出设备   D. 输入设备

8. 操作系统是(　　　)。

A. 主机与外设的接口   B. 用户与计算机的接口

C. 系统软件与应用软件的接口   D. 高级语言与汇编语言的接口

9. 计算机系统软件中最核心的是(　　　)。

A. 程序语言处理系统   B. 操作系统

C. 数据库管理系统   D. 诊断程序

10. 计算机硬件能直接识别、执行的语言是(　　　)。

A. 汇编语言   B. 机器语言   C. 高级程序语言   D. C++语言

11. 一个字长为 5 位的无符号二进制数能表示的十进制数值范围是(　　　)。

A. 1~32   B. 0~31   C. 1~31   D. 0~32

12. 在下列叙述中,正确的是(　　　)。

A. 一个字符的标准 ASCII 码占一个字节的存储量,其最高二进制位总为 0

B. 大写英文字母的 ASCII 码值大于小写英文字母的 ASCII 码值

C. 同一个英文字母(如字母 A)的 ASCII 码和它在汉字系统下的全角内码是相同的

D. 标准 ASCII 码表的每一个 ASCII 码都能在屏幕上显示成一个相应的字符

13. 在计算机中,对汉字进行传输、处理和存储时使用汉字的(　　　)。

A. 字形码   B. 国标码   C. 输入码   D. 机内码

14. 以 .txt 为扩展名的文件通常是(　　　)。

A. 文本文件   B. 音频信号文件   C. 图像文件   D. 视频信号文件

15. JPEG 是一个用于数字信号压缩的国际标准,其压缩对象是(　　　)。

A. 文本   B. 音频信号   C. 静态图像   D. 视频信号

16. 在 Internet 中,实现 IP 地址与域名转换的是(　　　)。

A. DNS   B. SMTP   C. TCP   D. FTP

17. 计算机网络是通信技术和(　　　)相结合的产物。

A. 计算机技术   B. 智能技术   C. 自动化技术   D. 网络技术

18. 用于文件传输服务的是(　　　)。

A. DNS   B. SMTP   C. TCP   D. FTP

19. 防火墙主要用于实现外部网络与内部网络的隔离,因此它是(　　　)。

A. 防止外部网络火灾的设施   B. 抗电磁干扰的设施

C. 保护网络和信息安全的软件、硬件设施　D. 保护网线的设施

20. 域名为 dagf. gov. cn，此域名表示(　　　)。

A. 商业机构　　　　　B. 教育机构　　　　　C. 政府机构　　　　　D. 军事部门

二、基本操作题

1. 在"2.2 模拟题"文件夹下的"HUANG"文件夹中新建一个"XIAO"文件夹。

2. 删除"2.2 模拟题"文件夹下"AN"文件夹中的"LE. bak"文件。

3. 将"2.2 模拟题"文件夹下"ZHANG"文件夹中的"RONG. pptx"文件移动到"2.2 模拟题"文件夹中。

4. 将"2.2 模拟题"文件夹下"WANG"文件夹下的"ZHENG"文件夹中的"HONG. txt"文件的隐藏属性取消。

5. 将"2.2 模拟题"文件夹下扩展名为. txt 的所有文件查找出来并复制到"2.2 模拟题"文件夹下"BAK"文件夹中。

三、字处理题

1. 打开"2.3 模拟题"文件夹下的"WORD2. docx"文件，然后按照以下要求完成操作并以该文件名保存。

(1)将标题段文字"冻豆腐为什么会有许多小孔？"设置为黑体、小二号、红色，加下画线、居中、加粗、倾斜，并添加蓝色底纹、着重号。

(2)将正文第四段文字"当豆腐冷到……压缩成网络形状。"移到第三段文字"等到冰融化时……许多小孔。"之前，并将两段合并；正文各段文字"你可知道……许多小孔。"设置为宋体、小四号；各段落左右缩进 1 字符，悬挂缩进 2 字符，行距设置为 2 倍，并把正文最后两个字"小孔"设置成上标。

(3)将文档页面的纸张大小设置为 16 开(18.4 厘米×26 厘米)，左右边距各为 3 厘米；在页面底端(页脚)插入页码，对齐方式为"右侧"，并将初始页码设置为 3。

2. 打开"2.3 模拟题"文件夹下的"WORD3. docx"文件，然后按照以下要求完成操作并以该文件名保存文档。

(1)在"外汇牌价"一词后插入页面底端的脚注"据中国银行提供的数据"；将文中最后 6 行文字转换成一个 6 行 4 列的表格，表格居中。

(2)在表格的最后一行下增加一行，并把该行前三个单元格合并成一个单元格，行标题为"平均值"，计算"卖出价"的平均值填入该行的最后一个单元格内；设置表格线宽为 1.5 磅、蓝色、单实线，底纹为浅绿色，图案样式为 20%。

四、电子表格题

1. 在"2.4 模拟题"文件夹下打开"EXCEL2. xlsx"文件：(1)将工作表 Sheet1 的 A1：D1单元格合并为一个单元格，内容水平居中，分别计算各部门的人数(利用 COUNTIF 函数)和平均年龄(利用 SUMIF 函数)，置于 F4：F6 和 G4：G6单元格区域，利用套用表格格式将 E3：G6单元格区域设置为"表样式浅色 17"；(2)选取"部门"列(E3：E6)和"平均年龄"列(G3：G6)的内容，建立"三维簇状条形图"，图表标题为"平均年龄统计表"，删除图例；

将图表移动到工作表的 A19：F35 单元格区域内，将工作表命名为"企业人员情况表"，保存"EXCEL2.xlsx"文件。

2. 在"2.4 模拟题"文件夹下打开工作簿文件"EXC2.xlsx"，对工作表"图书销售情况表"内数据清单的内容进行高级筛选（条件区域设在 A46：F47 单元格区域，将筛选条件写入条件区域的对应列上），条件为少儿类图书且销售量排名在前二十名（请用"＜＝20"），工作表名不变。

五、演示文稿题

打开"2.5 模拟题"文件夹下的"YSWG2.pptx"文件，然后按照以下要求完成操作并以该文件名保存。

1. 在第一张幻灯片的主标题处输入"发现号航天飞机发射推迟"，字体设置为黑体、53 磅、加粗、红色（请用自定义标签的颜色，红色：250，绿色：0，蓝色：0）；在副标题处输入"燃料传感器存在故障"，字体设置为楷体、33 磅。将第二张幻灯片的版式设置为"两栏内容"，并将第一张幻灯片中的图片移到第三张幻灯片中。将第二张幻灯片的文本动画设置为"进入—百叶窗"。将第一张幻灯片的背景填充设置为"水滴"纹理。

2. 在第三张幻灯片中插入一个 4 行 4 列的表格。

3. 使用"跋涉"主题修饰全文，放映方式设置为"演讲者放映（全屏幕）"。

六、上网题

1. 打开 http://www.chinairn.com/news/20160617/113720478.shtml 网页，在"2.6 模拟题"文件下新建文本文件"计算机品牌.txt"，并将网页中关于计算机品牌介绍的文字复制到"计算机品牌.txt"中，并保存。

2. 接收到朋友小王的电子邮件，请将邮件中的附件保存在"2.6 模拟题"文件夹下，并回复。主题：邮件已收到，内容：收到邮件。

一级考试模拟试题（3）

答案及解析

一、单选题

1. 世界上公认的第一台电子计算机诞生的年代是（　　）。

A. 20 世纪 30 年代　B. 20 世纪 40 年代　C. 20 世纪 80 年代　D. 20 世纪 90 年代

2. 在下列计算机应用项目中，属于科学计算应用领域的是（　　）。

A. 人机对弈　　　　　　　　　　B. 民航互联网订票系统

C. 气象预报　　　　　　　　　　D. 数控机床

3. 在下列关于 CPU 的叙述中，正确的是（　　）。

A. CPU 能直接读取硬盘上的数据

B. CPU 能直接与内存储器交换数据

C. CPU 的主要组成部分是存储器和控制器

D. CPU 主要用来执行算术运算

4. 运算器的完整功能是进行( )。

A. 逻辑运算　　　　　　　　　　　　B. 算术运算和逻辑运算

C. 算术运算　　　　　　　　　　　　D. 逻辑运算和微积分运算

5. 微机内存按( )。

A. 二进制位编址　　B. 十进制位编址　　C. 字长编址　　　　D. 字节编址

6. 在下列度量存储器容量的单位中,最大的单位是( )。

A. KB　　　　　　B. MB　　　　　　C. Byte　　　　　　D. GB

7. 显示器的参数:1 024×768,其表示( )。

A. 显示器分辨率　　　　　　　　　　B. 显示器颜色指标

C. 显示器屏幕大小　　　　　　　　　D. 显示每个字符的列数和行数

8. 操作系统的主要功能是( )。

A. 对用户的数据文件进行管理

B. 对计算机的所有资源进行统一控制和管理,为用户使用计算机提供方便

C. 对源程序进行编译和运行

D. 对汇编语言程序进行翻译

9. 在下面关于操作系统的叙述中,正确的是( )。

A. 操作系统是计算机软件系统中的核心软件

B. 操作系统属于应用软件

C. Windows 是 PC 机唯一的操作系统

D. 操作系统的五大功能:启动、打印、显示、文件存取和关机

10. 汇编语言是一种( )。

A. 依赖于计算机的低级程序设计语言　　B. 计算机能直接执行的程序设计语言

C. 独立于计算机的高级程序设计语言　　D. 执行效率较低的程序设计语言

11. 用 8 位二进制数能表示的最大的无符号整数等于十进制整数( )。

A. 255　　　　　　B. 256　　　　　　C. 128　　　　　　D. 127

12. 在下列关于 ASCII 编码的叙述中,正确的是( )。

A. 一个字符的标准 ASCII 码占一个字节,其最高二进制位总为 1

B. 所有大写英文字母的 ASCII 码值都小于小写英文字母"a"的 ASCII 码值

C. 所有大写英文字母的 ASCII 码值都大于小写英文字母"a"的 ASCII 码值

D. 标准 ASCII 码表有 256 个不同的字符编码

13. 在下列十进制数中,属于正确的汉字区位码的是( )。

A. 5601　　　　　　B. 9596　　　　　　C. 9678　　　　　　D. 8799

14. 目前有许多不同的音频文件格式,下列不是数字音频的文件格式的是( )。

A. . wav　　　　　　B. . gif　　　　　　C. . mp3　　　　　　D. . mid

15. 一般说来,数字化声音的质量越高,则要求( )。

A. 量化位数越少、采样率越低　　　　　B. 量化位数越多、采样率越高

C. 量化位数越少、采样率越高　　　　　　　D. 量化位数越多、采样率越低

16. 采用 ADSL 方式接入网络,至少需要在计算机内部或外部安装的设备是(　　　)。

A. 网卡　　　　　　　B. 路由器　　　　　　　C. 交换机　　　　　　　D. 调制解调器

17. 计算机网络中传输速率最快的传输介质是(　　　)。

A. 光纤　　　　　　　B. 电话线　　　　　　　C. 双绞线　　　　　　　D. 同轴电缆

18. 在下列邮件服务器地址中,正确的是(　　　)。

A. 用户名@163. com　　　　　　　　　　　B. 用户名#163. com

C. 用户名 &163. com　　　　　　　　　　　D. 用户名 $163. com

19. 计算机网络的最大优点是(　　　)。

A. 运算速度快　　　　　B. 容量大　　　　　　　C. 共享资源　　　　　　D. 范围大

20. ISP 的中文全名是(　　　)。

A. 因特网服务提供商　　　　　　　　　　　B. 因特网服务产品

C. 因特网服务协议　　　　　　　　　　　　D. 因特网服务程序

二、基本操作题

1. 将"2.2 模拟题"文件夹下"YANG"文件夹中的"CHI. docx"文件设置为隐藏属性。

2. 删除"2.2 模拟题"文件夹下"WANG"文件夹中的"SJB. dbf"文件。

3. 将"2.2 模拟题"文件夹下"LI"文件夹中的"LX3. xlsx"文件复制到"2.2 模拟题"文件夹中。

4. 将"2.2 模拟题"文件夹下"ZHAO"文件夹中的"SHUANG. docx"文件改名为"SHU. txt"。

5. 为"2.2 模拟题"文件夹下"ZHENG"文件夹下的"SUN"文件夹中的"HONG. txt"文件创建快捷方式,并将快捷方式放到"2.2 模拟题"文件夹中。

三、字处理题

1. 打开"2.3 模拟题"文件夹下的"WORD4. docx"文件,然后按照以下要求完成操作并以该文件名保存。

(1)将文中所有错词"款待"替换为"宽带";设置页面颜色为"橙色,强调文字颜色6,淡色80％";插入内置"奥斯汀"型页眉,输入页眉内容"互联网发展现状"。

(2)将标题段文字"宽带发展面临路径选择"设置为黑体、三号、红色(标准色)、倾斜、居中,并添加深蓝色(标准色)波浪下画线,段后间距设为 1 行。

(3)设置正文各段"近来,……都难以获益。"首行缩进 2 字符、20 磅行距、段前间距0.5 行;将正文第二段"中国出现……历史机会"分为等宽的两栏;为正文第二段中的"中国电信"一词添加超链接,链接地址为 http://www. 189. cn/;为正文三个段落添加项目符号"√"。

2. 打开"2.3 模拟题"文件夹下的"WORD5. docx"文件,然后按照以下要求完成操作并以该文件名保存。

(1)将文中后 4 行文字转换成一个 4 行 4 列的表格,表格居中,表格列宽为 2.5 厘米,

行高为 0.7 厘米。

（2）在表格的最后一行下增加一行，行标题为"最高分"，计算各科目的最高分并填入相应单元格内。

四、电子表格题

1. 在"2.4 模拟题"文件夹下打开"EXCEL3.xlsx"文件：（1）将 Sheet1 工作表的 A1：F1 单元格合并为一个单元格，内容水平居中；按统计表第 2 行中每个成绩所占比例计算"总成绩"列的内容（"面试成绩"占 20%，"笔试成绩"占 50%，"综合素质"占 30%，数值型，保留小数点后 1 位），按总成绩计算"成绩排名"列的排名（利用 RANK. EQ 函数）；利用条件格式将 F3：F17 单元格区域设置为渐变填充红色数据条。（2）选取"姓名"列（B2：B7）和"总成绩"列（G2：G7）数据区域的内容建立"簇状圆锥图"，图表标题为"考评成绩统计图"，图例位于底部；将图表移动到工作表 A8：G18 单元格区域内，将工作表命名为"考评成绩统计表"。

2. 在"2.4 模拟题"文件夹下打开"EXC3.xlsx"文件，对工作表"产品销售情况表"内数据清单的内容按主要关键字"分公司"的升序和次要关键字"产品名称"的降序排序，再对排序后的数据清单内容进行分类汇总，计算各分公司销售总额。

五、演示文稿题

打开"2.5 模拟题"文件夹下的"YSWG3.pptx"文件，然后按照以下要求完成操作并以该文件名保存。

1. 在第一张幻灯片中插入样式为"填充－无，轮廓－强调文字"的艺术字"京津城铁试运行"，位置为水平：6 厘米，度量依据：左上角，垂直：7 厘米，度量依据：左上角。将第二张幻灯片的版式设置为"两栏内容"，在右侧文本区输入"一等车厢票价不高于 70 元，二等车厢票价不高于 60 元。"文字设置为楷体、47 磅。将第四张幻灯片中的图片复制到第三张幻灯片中。在第三张幻灯片的标题文本"列车快速合适"上设置超链接，链接到第二张幻灯片。在第三张幻灯片备注区插入文本"单击标题，可以循环放映。"。删除第四张幻灯片。

2. 将第一张幻灯片的背景填充为"渐变填充"，预设颜色为"金乌坠地"，类型为"线性"，方向为"线性向下"。将幻灯片放映方式设置为"演讲者放映"。

六、上网题

1. 打开 Outlook Express 2010，发送邮件，地址：xiaowang@163.com；主题：照片；正文：照片已发送，请查收；添加附件"照片.jpg"。

2. 在浏览器的收藏夹中新建文件夹，文件名为"搜狗搜索"，并将 https://www.sogou.com/网址添加到该文件夹中。

答案及解析

一级考试模拟试题（4）

一、单选题

1. 下列关于世界上第一台电子计算机 ENIAC 的叙述,错误的是(　　)。

A. ENIAC 是 1946 年在美国诞生的

B. 它主要采用电子管和继电器

C. 它是首次采用存储程序和程序控制自动工作的电子计算机

D. 研制它的主要目的是用来计算弹道

2. 按计算机应用的分类,"民航飞机联网售票系统"属于(　　)。

A. 科学计算　　　　　B. 辅助设计　　　　　C. 实时控制　　　　　D. 信息处理

3. 计算机字长是指(　　)。

A. 处理器处理数据的宽度　　　　　　　B. 存储一个字符的位数

C. 屏幕一行显示字符的个数　　　　　　D. 存储一个汉字的位数

4. 用 MIPS 衡量的计算机性能指标是(　　)。

A. 处理能力　　　　　B. 存储容量　　　　　C. 可靠性　　　　　D. 运算速度

5. 下列关于 U 盘的描述,错误的是(　　)。

A. U 盘有基本型、增强型和加密型三种

B. U 盘的特点是质量轻、体积小

C. U 盘多固定在机箱内,不便携带

D. 断电后,U 盘还能保证存储的数据不丢失

6. 在计算机中,每个存储单元都有一个连续的编号,此编号称为(　　)。

A. 地址　　　　　B. 位置号　　　　　C. 门牌号　　　　　D. 房号

7. 在下列说法中,错误的是(　　)。

A. 硬盘驱动器和盘片是密封在一起的,不能随意更换盘片

B. 硬盘可以是多张盘片组成的盘片组

C. 硬盘的技术指标除容量外,另一个是转速

D. 硬盘安装在机箱内,属于主机的组成部分

8. 计算机操作系统的主要功能是(　　)。

A. 管理计算机系统的软、硬件资源,实现高效利用计算机资源,并为其他软件提供良好的运行环境

B. 把高级程序设计语言和汇编语言编写的程序翻译为计算机硬件可以直接执行的目标程序,为用户提供良好的软件开发环境

C. 对各类计算机文件进行有效的管理,并提交计算机硬件高效处理

D. 使用户能方便地操作和使用计算机

9. 以下是手机中的常用软件,属于系统软件的是(   )。

A. 手机 QQ   B. Android   C. Skype   D. 微信

10. 关于汇编语言程序的描述,正确的是(   )。

A. 相较于高级程序设计语言程序具有较好的可移植性

B. 相较于高级程序设计语言程序具有较好的可读性

C. 相较于机器语言程序具有较好的可移植性

D. 相较于机器语言程序具有较高的执行效率

11. 如果删除一个非零无符号二进制数尾部的两个 0,则此数的值为原数的(   )。

A. 4 倍   B. 2 倍   C. 1/2   D. 1/4

12. 在标准 ASCII 码表中,已知英文字母 A 的 ASCII 码是 01000001,英文字母 D 的 ASCII 是码(   )。

A. 01000011   B. 01000100   C. 01000101   D. 01000110

13. 存储一个 16×16 点阵的汉字字形码需要的字节数是(   )。

A. 128   B. 16   C. 256   D. 512

14. 以. avi 为扩展名的文件通常是(   )。

A. 文本文件   B. 音频信号文件   C. 图像文件   D. 视频信号文件

15. 数字音频采样和量化过程所用的主要硬件是(   )。

A. 数字编码器   B. 数字解码器

C. 模拟到数字的转换器   D. 数字到模拟的转换器

16. 计算机网络中的传输介质使用最广泛、价格最便宜的是(   )。

A. 光纤   B. 电话线   C. 双绞线   D. 同轴电缆

17. 有一组域名为 dagf. com. cn,此域名表示(   )。

A. 商业机构   B. 教育机构   C. 政府机构   D. 军事部门

18. 接入网络的每台计算机都有一个唯一的地址,该地址为(   )。

A. TCP 地址   B. URL 地址   C. IP 地址   D. FTP 地址

19. 调制解调器的功能是(   )。

A. 模拟信号编码   B. 模拟信号放大

C. 数字信号放大   D. 数字信号和模拟信号相互转换

20. 在发送邮件时,必须填写(   )。

A. 主题   B. 附件   C. 收件人地址   D. 抄送

二、基本操作题

1. 将"2.2 模拟题"文件夹下"WANG"文件夹中的"ZHENG"文件夹复制到"2.2 模拟题"文件夹下的"BAK"文件夹中。

2. 删除"2.2 模拟题"文件夹下"BAK"文件夹中的"WJJSC"文件夹。

3. 将"2.2 模拟题"文件夹下"CHEN"文件夹中的"XUE. txt"文件移动到"2.2 模拟题"文件夹下的"BAK"文件夹中,改名为"LIN. docx"。

4. 将"2.2 模拟题"文件夹下"ZHOU"文件夹中的"QI. xlsx"文件设置为只读和隐藏属性。

5. 在"2.2 模拟题"文件夹下的"TAN"文件夹中新建一个"XIA. docx"文件。

三、字处理题

打开"2.3 模拟题"文件夹下的"WORD6. docx"文件,然后按照以下要求完成操作并以该文件名保存。

(1)将标题段文字"六指标凸显 60 年中国经济变化"设置为黑体、三号、红色(标准色)、加粗、居中,并添加着重号。

(2)将正文各段"对于中国经济总量……还有很长的路要走"中的文字设置为宋体、小四号,行距设为 20 磅。使用"编号"功能为正文第三段至第八段"综合国力……正向全面小康目标迈进。"中添加编号"一、二、…"在黄色文字前插入艺术字,内容为"中国经济",并把"2.3 模拟题"文件夹中的"经济. jpg"图片插入正文中间。

(3)设置页面上、下边距为 4 厘米,页面垂直对齐方式为"底端对齐"。

(4)将文中后 11 行文字转换成一个 11 行 4 列的表格,并将表格格式设置为"简明型1";设置表格居中,表格中所有文字水平居中;设置表格第一行为橙色(标准色)底纹,其余各行为浅绿色(标准色)底纹。

(5)设置表格第一列的列宽为 1 厘米,其余各列的列宽为 3 厘米,表格行高为 0.6 厘米,表格所有单元格的左、右边距均为 0.1 厘米。

(6)按"人均 GDP(美元)"列的值降序排列表格中的数据记录。

四、电子表格题

1. 在"2.4 模拟题"文件夹下打开"EXCEL4. xlsx"文件:(1)将 A1:D1 单元格区域合并为一个单元格,内容水平居中;计算各职称(高工、工程师、助工)的人数(请用 COUNTIF 函数)和基本工资平均值(请用 AVERAGEIF 函数,数值型,保留小数点后 0 位),置于 G5:G7 和 H5:H7 单元格区域;利用条件格式对 F4:H7 单元格区域设置"绿-黄-红色阶"。(2)选取"职称"列(F4:F7)和"基本工资平均值"列(H4:H7)数据区域的内容建立"三维簇状柱形图",图表标题位于图表上方,图表标题改为"人员工资统计图",设置显示模拟运算表;设置背景墙格式为"图案填充",填充样式为"虚线网格";将图表插入到 F9:K24 单元格区域,将工作表命名为"某单位人员工资统计表",保存"EXCEL4. xlsx"文件。

2. 打开"EXC4. xlsx"文件,对工作表"产品销售情况表"内数据清单的内容建立数据透视表,按行为"季度",列为"产品类别",数据为"销售额(万元)"求和布局,并置于现工作表 A50 开始的单元格区域,工作表名不变,保存"EXC4. xlsx"文件。

五、演示文稿题

打开"2.5 模拟题"文件夹下的"YSWG4. pptx"文件,然后按照以下要求完成操作并以该文件名保存文档。

1. 使用"暗香扑面"主题修饰全文,全部幻灯片切换效果设为"溶解"。

2. 在第一张幻灯片前插入一张版式为"标题幻灯片"的新幻灯片,在主标题处输入

"中国海军护航舰队抵达亚丁湾索马里海域",字体设为黑体、41磅、红色(自定义标签的颜色,红色:250,绿色:0,蓝色:0),在副标题处输入"组织实施对4艘中国商船的首次护航",字体设置为仿宋、30磅。将第二张幻灯片的版式设置为"两栏内容",将图片移入右侧内容区,在标题区输入"中国海军护航舰队确保被护航船只和人员安全",图片动画设置为"进入–擦除,自底部",文本动画设置为"进入–飞往,自底部",动画顺序为先文本后图片。将第三张幻灯片的版式改为"内容与标题",将图片移入内容区,并将第二张幻灯片文本区前两段文本移到第三张幻灯片的文本区。设置母版,使每张幻灯片的左下角出现文本"中国海军",字体设为宋体、15磅。

六、上网题

1.打开Outlook Express 2010,发送邮件,地址:wangming@163.com;主题:论文初稿;正文:稿件已发送,请查收,添加附件"论文.docx"。

2.在浏览器地址栏输入http://www.neea.edu.cn/网址,并将该网址添加进收藏夹。